50 WIENER PFLANZEN

BIRGIT LAHNER

50 WIENER PFLANZEN

UND IHRE GESCHICHTE

Die vielfältige Botanik der Stadt,
illustriert von Silvia Ungersböck

FALTER VERLAG

ISBN 978-3-99166-017-0

1011 Wien, Marc-Aurel-Straße 9
T: +43/1/536 60-0, F: +43/1/536 60-935
E: bv@falter.at, service@falter.at
W: faltershop.at

Autorin: Birgit Lahner

Zeichnungen: Silvia Ungersböck

Fachlektorat: Marko Iljić, Monika Kriechbaum

Lektorat: Helmut Gutbrunner

Grafik und Layout: Marion Großschädl

Produktion: Sothany Kim

Druck: Finidr, s.r.o., 73701 Český Těšín

FSC
www.fsc.org
MIX
Papier aus verantwortungsvollen Quellen
FSC® C014138

Wir haben bei diesem Buch im Sinne der Umwelt auf die Verpackung mit Plastikfolie verzichtet.

INHALT

VORWORT

„Die Stadtnatur ist so vielfältig und kosmopolitisch wie die hier wohnenden Menschen. Aus ihrer Zusammenstellung können wir nicht nur Erkenntnisse über die Pflanzen, sondern auch über unsere eigene Geschichte gewinnen.“ Jonas Frei

„Verlernt das Staunen nicht!“ Else Croner

Von vielen für Wien bedeutsamen Pflanzen haben Cristina-Estera Klein und ich in den *Botanischen Spaziergängen* (Falter Verlag, 2022) bereits erzählt. Das gemeinsame Projekt hat mich angeregt, weiter zu forschen. Alle fünfzig Pflanzenarten in diesem Buch haben einen besonderen Bezug zu Wien. Jede für sich erzählt ihre eigene Geschichte, gleichzeitig aber auch die der Wienerinnen und Wiener.

Die Texte im Teil **Wiesen-, Wald- und Wegesrandpflanzen** beschreiben seltene Arten der Naturlandschaften am Rande Wiens genauso wie Pflanzen, die Straßenränder und Pflasterfugen für sich erobern und Teil der komplexen Stadtnatur sind.

Vordergründig wird die Wiener Küche mit deftigen Gerichten assoziiert – dass dies lediglich ein Phänomen der letzten Jahrzehnte ist und die Bevölkerung viele Jahrhunderte lang überwiegend von pflanzlichen Nahrungsmitteln lebte, zeigt sich im Teil **Obst und Gemüse.** Gut vertreten in dieser Kategorie sind auch Pflanzenarten, deren süße Früchte in der Vergangenheit weitgehend nur der höheren Wiener Gesellschaft aufgetafelt wurden.

Leicht lässt sich im städtischen Gefüge aus Stein und Beton vergessen, dass Pflanzen kein bloßes Füllwerk dazwischen sind, sondern die Grundlage unseres Lebens. Beim Lesen der Porträts im Teil **Bäume und andere Gehölze** verändert sich der Fokus, die baulichen Strukturen Wiens rücken gedanklich in den Hintergrund und geben den Blick frei auf die großen und formgebenden Gewächse der Stadt.

In der Kategorie **Zier- und Zauberpflanzen** finden sich neben den Klassikern der dekorativen Park- und Gartengewächse auch wärmeliebende Exoten, die in den historischen Glashäusern Wiens gedeihen. Manche Arten finden sich hier aufgrund ihrer kulturhistorischen Bedeutung für die Wiener*innen, die teils mit ihrer spezifischen Wirkweise in Zusammenhang steht.

Manchmal gehe ich in den Texten auf *potenzielle* kulinarische Nutzungsmöglichkeiten von Wildpflanzen ein, wobei die Betonung hier auf potenziell liegt. Zum Sammeln essbarer Pflanzen rate ich in der Stadt nur an ausgewählten Orten fernab von Hund und Hauptverkehr. Um bei der Wildpflanzenernte Verwechslungen zu vermeiden, empfehle ich, die eigene Artenkenntnis entsprechend auszubauen. Geordnet sind die Pflanzen innerhalb der vier Kategorien alphabetisch nach ihren botanischen Bezeichnungen. In den Porträts tauchen dabei tatsächlich weit mehr als fünfzig Pflanzen auf. Glossar, Arten- und Quellenverzeichnis im Anhang helfen allen, die ihr Wissen weiter vertiefen möchten.

Ich wünsche inspirierende Lesemomente und lade ein, die Wiener Pflanzenwelt offenen Blicks zu erkunden.

Gute Unterhaltung!

DANKE

Die Begeisterung für ein Thema, die einen dazu bringt, Bücher zu schreiben, hat ihren Ursprung häufig in der engagierten und beseelten Wissensvermittlung, die man selbst erfahren hat – Danke an alle Lehrer*innen, die es verstehen zu begeistern.

Besonders dankbar bin ich meiner Familie und meinen Freunden für ihre umfassende Unterstützung, Silvia Ungersböck für ihre stimmungsvollen wie auch detailgenauen Illustrationen sowie den Fachlektor*innen Marko Iljić (Austria Guides For Future) und Monika Kriechbaum (Universität für Bodenkultur) für die gründliche Durchsicht und wertvollen Anregungen.

Es hat mir wieder große Freude gemacht, bei der Entstehung dieses Buches mit dem Falter Verlag zusammenzuarbeiten – großen Dank an meinen Verleger Siegmar Schlager und sein Team: Sothany Kim, Marion Großschädl und Helmut Gutbrunner. Der Literar-Mechana meinen herzlichen Dank für die Zuerkennung des Sachbuchstipendiums im Jahr 2024 und die damit verbundene Möglichkeit, mit freiem Kopf zu schreiben.

Für ihr vielfältiges Zutun danke ich außerdem: Michaela Arndorfer (Arche Noah), Anna Bachhuber (MA 42), Andreas Berger, Brigitte Friedrich, Mathias Harzhauser, Michael Polansky, Heimo Rainer, Rosalinde Roider und Ernst Vitek (Naturhistorisches Museum Wien), David Bröderbauer, Barbara Knickmann, Andreas J. Müller, David Prehsler und Anton Sieder (Botanischer Garten der Universität Wien), Elisabeth Egger und Marlene Schütze (Volkskundemuseum Wien), Gerlinde Fischer, Manfred A. Fischer und Nils Güttler (Universität Wien), Reinhold Gabriel und Karin Sturm (Pharma- und Drogistenmuseum), Sibylle Geiszler (Marroni-Mann), Julia Grillmayr (Kunstuniversität Linz), Markus Grohmann (Gärtnerhof GIN), Claudia Gröschel und Alexander Krügl (Österreichische

Bundesgärten), Regina Hofmann-de Keijzer, Christina Jauernik-Böhler (Akademie der bildenden Künste), Isabella Klebinger (Ökocampus Wien), Dunja Krcek und Ivana Miloš (Dunjiva Kollektiv), Matthias Kropf, Marie-Louise Oschatz, Franz Ottner, Baerbel Pachinger, Sabine Plenk und Benjamin Dauth (Universität für Bodenkultur Wien), Jens Krüger (Rosen Tantau), Ulrike Landmann (Wiener Polizeimuseum), Michaela Lindinger und Konstanze Schäfer (Wien Museum Karlsplatz), Katharina Reckendorfer (Blumenbund), Barbara Reinwein (MA 22), Barbara Schreder-Gegenhuber (Schweizer Haus Hadersdorf), Saly und Ulrich Wolfger (blvb/blub) sowie Michaela Putz, Johanna Thanheiser und Franziska Weinberger.

WIESEN-, WALD- UND WEGESRAND-PFLANZEN

SILBERMOOS

(Bryum argenteum), Birnmoosgewächse *(Bryaceae)*

Ein warmer Wind setzt ein und wirbelt den Staub auf, der die Straßen der Stadt dünn überzieht. Seit mehreren Wochen herrscht Trockenheit in Wien, nun scheint endlich Regen aufzuziehen. Man kann ihn schon riechen. Die ersten Tropfen fallen, malen scharf abgegrenzte, dunkle Flecken auf den Gehsteig – dichter und dichter werden sie, wachsen flächig ineinander. Rasch sammelt sich das Wasser in Pflasterfugen und Asphaltrissen, läuft über Dachziegel und die steinernen Kleiderfalten der Denkmäler entlang. Dabei trifft es auf eigentümlich silbrig glänzende Polster aus Moos. Gleich einem Schwamm nehmen sie den Regen auf. Im Wiener Stadtgebiet ist *Bryum argenteum* wahrscheinlich die am häufigsten vorkommende Moosart. Während der langen Dürreperiode sind die ohnehin schon winzigen Blättchen der Pflanzen deutlich geschrumpft. Jetzt ist der Moment gekommen, in dem wieder sichtbares Leben in sie zurückkehrt. Nicht einmal eine halbe Stunde dauert es, bis sie wieder voll funktionsfähig sind.

Moose können in trockenem Zustand keine Photosynthese betreiben, überdauern regenfreie Perioden aber problemlos. Das ermöglicht es ihnen, besonders unwirtliche Lebensräume zu erobern, die für höhere Pflanzen unbewohnbar sind. Viele assoziieren Moos zuallererst mit Wald. Die Moose, die in der naturnahen Waldlandschaft am Rande Wiens gedeihen, sind gut an ein Schattendasein angepasst. Das Chlorophyll in ihren Blättchen absorbiert die Wellenlänge des Lichts, das durch die Baumkronen zu ihnen durchdringt. Ihre Verwandten in der Stadt, die der Sonne oft besonders intensiv ausgesetzt sind, müssen sich vor allzu starker Strahlung schützen. Der Blick durch das Vergrößerungsglas offenbart, dass die eiförmigen Blättchen von *Bryum argenteum* im oberen Teil farblos sind

Silbermoos *(Bryum argenteum)*

Dass höhere Pflanzen aufrecht wachsen können, verdanken sie dem Xylem, einem festen Gewebe, das Wasser vom Boden in die Blätter transportiert. Moose haben kein solches Leit- und Stützsystem und bleiben deshalb meist sehr klein, was ihrem Erfolg aber keinen Abbruch tut. Sie sind die einfachsten aller Landpflanzen, haben weder Wurzeln noch Blüten und bilden folglich auch keine Samen. Sie produzieren winzige Sporen, die sie an kurzen Stielen über ihren Blatthorizont heben und dem Wind zur Verbreitung übergeben. Fast alle Moose können sich bei ausreichend feuchten Bedingungen auch aus winzigen Teilen zur Gänze selbst reproduzieren – dazu genügt ein einzelnes Blättchen, das an einer Schuhsohle haften bleibt und an einem passenden Platz wieder zu Boden fällt.

und nach oben hin immer feiner werden – umso trockener das Moos, desto länger werden diese fedrigen Spitzen. Sie brechen das Licht und verleihen der Pflanze ihren silbrigen Schimmer. Auf versiegelten Stadtflächen, die ausreichend lange sich selbst überlassen wurden, fasst dieses Moos häufig als erstes Fuß und bietet anfliegenden Samen anderer Pflanzen ein weiches Keimbett. Das Silbermoos scheint sich richtiggehend auf anthropogene Strukturen spezialisiert zu haben. Wenn man weiß, dass es in Naturlandschaften hauptsächlich auf stickstoffreichen, felsigen Vogelkolonien vorkommt, wird nachvollziehbar, weshalb es sich gerade in Städten so wohl fühlt. Auch hier finden sie ein großes Stickstoffangebot vor. So gut Moose auch mit Trockenheit zurechtkommen – mit verschmutzter Luft können viele Arten weit weniger gut umgehen als höher entwickelte Pflanzen, deren Blätter aus mehreren Zellschichten bestehen und die mit einer Wachsschicht, der sogenannten Cuticula, versehen sind. Moosblätter haben keine schützende Cuticula und sind nur genau eine Zelle dick, stehen also in direktem Kontakt mit der Atmosphäre. Mit der beginnenden Industrialisierung begannen sich daher viele Moose aus Wien zurückzuziehen.

„Moose reagieren auf Luftverschmutzung äußerst sensibel. Überprüfen Sie das ruhig an den Bäumen in Ihrem Stadtteil. Es ist von Bedeutung, ob dort Moose wachsen oder nicht. Sie sind der Kanarienvogel im Grubenschacht.“

Robin Wall Kimmerer

Die verschiedenen Moosarten mit ihren sehr individuellen Belastungsgrenzen verraten uns also viel über die Luftqualität – aber nicht nur deshalb sollte man ihnen mehr Aufmerksamkeit zukommen lassen. Es ist auch ungemein entspannend, den Blick auf sie zu richten und die faszinierenden Miniaturwälder zu erkunden, die jahrzehnte-, manchmal sogar jahrhundertelang herangewachsen sind.

KLEINBLÜTIGES KNOPFKRAUT

(Galinsoga parviflora), Korbblütler *(Asteraceae)*

Im späten Oktober endet die Blütezeit vieler Wildpflanzen in Wien. Zwischen den Zierpflanzen in den Rabatten gedeiht jetzt eine Art, die kleine und eher unauffällige, aber zahlreiche Blütenköpfchen trägt. Aufrechte, mehrfach verzweigte Stängel ragen wadenhoch empor. Die Blätter sind eiförmig und haben einen gezähnten Rand.

Galinsoga parviflora, das Kleinblütige Knopfkraut, ist eine spät keimende, kurzlebige Pflanzenart, kann aber unter günstigen Bedingungen vor dem Frost zwei Generationen pro Jahr bilden. Nur sechs Wochen nach der Keimung bringt es erneut Samen hervor. Blühend lässt sich die Pflanze in Wien deshalb von Mai bis in den Herbst hinein finden. Die Samen – eine einzelne Pflanze kann bis zu 100.000 bilden – ähneln winzigen

Federbällen. Sie heften sich gerne an Kleidung oder Tierfell und werden so über die Stadt verteilt.

Anfang des 19. Jahrhunderts breitete sich das Kleinblütige Knopfkraut in Mitteleuropa stark aus und galt bald als gefürchtetes Garten- und Ackerunkraut. Es war die Zeit der Eroberungszüge Napoleons. Man vermutet, dass die Samen der bis dahin unbekannten Pflanze in den Futtersäcken der französischen Armeepferde eingeschleppt wurden. So ergab sich der Name *Franzosenkraut.* Den Wanderbewegungen der Pflanze und den jeweiligen Ressentiments entsprechend änderte sich ihre Bezeichnung mehrmals: Um 1830 tauchte sie in Polen als *Deutsches,* kurz darauf in Russland als *Polnisches Unkraut* auf. Andere, nicht auf Nationen bezogene Namen, die damals für *Galinsoga parviflora* verwendet wurden, waren *Gartenpest* oder *Teufelskraut.* Ursprünglich aus Mittel- und Südamerika stammend, wurde das Kleinblütige Knopfkraut ab Ende des 18. Jahrhunderts in verschiedenen Botanischen Gärten Europas kultiviert. Nur wenige Jahrzehnte später zeigte es erste Verwilderungstendenzen. Die darauf folgende rasante Verbreitung der Pflanze kann dabei durchaus auf die Truppenbewegungen während der Napoleonischen Kriege zurückgeführt werden. In Wien wurde es erstmals 1850 gesichtet. Etwas mehr als ein Jahrzehnt später fand es der Botaniker August Neilreich bereits in großer Zahl vor. Am 5. Juli 1947 berichtet die in Wien herausgegebene Agrarische Post: „*Im Sommer und Herbst breitet sich vornehmlich auf den Kartoffel- und Maisfeldern ein lästiges Unkraut immer mehr und mehr aus. Es ist das Kleinblütige Franzosenkraut. Üppig wie kaum ein anderes Unkraut überzieht es massenhaft weite Felder und vermehrt sich außerordentlich stark.*“

Pflanzen, die seit 1492, also mit Beginn der Kolonisation Amerikas, neue Gebiete für sich erobern, gelten als *Neophyten.* Wie auch beim Kleinblütigen Knopfkraut der Fall, wurden und werden so bezeichnete Arten teilweise ganz bewusst von Menschen

Kleinblütiges Knopfkraut *(Galinsoga parviflora)*

Nicht nur in Europa treffen Pflanzen aus anderen Erdteilen ein. Der in Wien gut vertretene Breitwegerich etwa war auf dem amerikanischen Kontinent nicht heimisch, verbreitete sich aber mit den europäischen Siedlern. Er kommt sehr gut mit verdichteten Böden zurecht und wächst oft mitten auf Spazierwegen, in Pflasterfugen oder auf häufig betretenen Rasenstücken. Weil der Breitwegerich karge Stellen ebenso besiedelt wie gut mit Nährstoffen versorgte, ist seine Optik sehr variabel – je nach Standort weist er winzigkleine oder handtellergroße Blattspreiten auf. Mäßiger Betritt stört den Breitwegerich nicht, er profitiert sogar davon, denn bei feuchtem Wetter werden seine Samen klebrig und heften sich gerne an Schuhsohlen. Die indigene Bevölkerung Nordamerikas bemerkte, dass Breitwegerich überall dort auftauchte, wo die europäischen Siedler ihre Straßen anlegten, und nannte ihn daraufhin *White Man's Footstep.*

---

eingeführt. Ausgehend von Parks, Gärten, Feldern und botanischen Sammlungen, gelingt es ihnen, sich in der neuen Umgebung zu etablieren – sehr zum Missfallen vieler Menschen. Das Vermögen, sich sprunghaft und großflächig auszubreiten und dabei die alteingesessene Flora zu verdrängen, wird den Arten angekreidet. Soziokulturelle und ökologische Sichtweisen geraten aneinander, aufgeladene Begrifflichkeiten des Einheimischen und Fremden werden einander gegenübergestellt. Selbst den Naturschutz spaltet der Umgang mit zugewanderten Arten. Während bedrohte Pflanzenspezies in traditionellen Kulturlandschaften durch Neophyten tatsächlich in Bedrängnis geraten können, stellen die Zuwanderer diesbezüglich im urbanen Raum aber kaum eine Gefahr dar. Bei genauerer Betrachtung sind nicht die migrierenden Arten das Problem. Vielmehr machen sie die durch den Menschen verursachten Veränderungen der Umwelt, wie großflächige Bodenversiegelung und die Intensivierung der Landwirtschaft, sichtbar.

In den letzten Jahren tritt das Kleinblütige Knopfkraut in der Stadt etwas weniger häufig in Erscheinung. Möglicherweise, weil es viel Feuchtigkeit braucht und mit den zunehmend langen Trockenphasen im Frühling und Sommer nicht gut zurechtkommt. Vielleicht folgt aber auf die Phase der starken Ausbreitung nun ganz natürlich ein Rückgang – eine Entwicklung, die bei eingewanderten Pflanzen häufig zu beobachten ist. Ganz praktisch gesehen sind das Kleinblütige Knopfkraut und auch das etwas später aus Mittelamerika hinzugekommene Behaarte Knopfkraut ausgezeichnete Wildkräuter mit feinem, würzigem Aroma. Die jungen Blätter und Sprosse schmecken in Salaten oder als Spinatgemüse und sind reich an Calcium sowie Eisen. In seiner Heimat Peru wird *Galinsoga parviflora* auch als Heilpflanze verwendet. Jüngere Laborstudien bestätigen das entzündungshemmende und wundheilende Potenzial. Und noch ein kleiner Trost für alle, die sich über Knopfkraut im Garten ärgern: Es zeigt an, dass der Boden im Beet optimale Bedingungen für den Anbau von Gemüse bietet. Die Pflanze hat vielfältige Qualitäten – wo sie nun schon einmal da ist, kann man sich auch dafür entscheiden, sich über sie zu freuen.

GRÜNE SCHNEEROSE

(Helleborus viridis), Hahnenfußgewächse *(Ranunculaceae)*

Die Grüne Schneerose *(Helleborus viridis)* fühlt sich in Wien an ausgesuchten Stellen in lichten Buchenwäldern wohl. Rund einen halben Meter hoch kann die Pflanze werden und fällt dabei mit ihren großen, handförmigen Laubblättern auf. Eine ihrer Besonderheiten ist, dass sie dann zu blühen beginnt, wenn andere Gewächse noch Winterruhe halten oder als Samenkorn

Grüne Schneerose *(Helleborus viridis)*

im Boden darauf warten zu keimen. Ab März erscheinen ihre glockenförmigen, hellgrünen Blüten. Andere Arten der Gattung *Helleborus* sind noch zeitiger dran. Im Winter und Vorfrühling zu blühen kann von Vorteil sein, wenn es darum geht, die Aufmerksamkeit bestäubender Insekten auf sich zu ziehen. Zwar sind diese bei kalten Temperaturen weit weniger zahlreich unterwegs, allerdings konnten Forscher bei *Helleborus foetidus*, der Stinkenden Nieswurz, eine kreative Strategie beobachten, um die Tiere zu mobilisieren: Die Pflanze kultiviert Hefepilze, die im Nektar enthaltenen Zucker vergären. Die dabei entstehende Wärme – Messungen zeigten im Vergleich zur Umgebung Unterschiede von bis zu 4 °C – wirkt auf die Bestäuber ähnlich einladend wie auf uns ein heimelig knisterndes Lagerfeuer. Leider macht sich die Grüne Schneerose zunehmend rar in Wien und gilt heute als stark gefährdet. In der Literatur wird ein Vorkommen im Ottakringer Moosgraben beschrieben. Ende der 1930er-Jahre wurde dieses Gebiet aufgrund des Vorkommens der seltenen Pflanze als Naturdenkmal unter Schutz gestellt. In einem Gespräch mit dem Botaniker Manfred Adalbert Fischer lässt sich erfahren, dass er und seine Kolleg*innen dort leider schon seit einigen Jahren keine Grünen Schneerosen mehr antreffen.

Weshalb die Pflanze im Moosgraben nicht mehr wächst, ist unklar und erstaunt, gehört dieser Teil des Wienerwaldes doch seit 2005 zur Kernzone des UNESCO-Biosphärenparks. Die Vegetation wird hier sich selbst überlassen – der beginnende Urwaldcharakter macht sich langsam durch das reiche Vorkommen an Totholz bemerkbar. Vielleicht ist es gerade die vollständige Aufgabe der Nutzung, die für das Verschwinden von *Helleborus viridis* verantwortlich ist. Mit Bestimmtheit lässt sich das nicht sagen, aber in manchen Fällen ist es gerade das sensible und komplexe Zusammenspiel mit dem Menschen, das bestimmten Pflanzenarten die Existenz an einem Ort er-

Manfred Adalbert Fischer, 1942 in Wien geboren, gab Anfang der 1990er-Jahre gemeinsam mit Kollegen die *Exkursionsflora von Österreich* heraus: das erste Bestimmungsbuch für das Land seit dem Ende der Monarchie. In seiner heutigen Form gilt es als Standardwerk. Trotz Ruhestand ist Fischer wissenschaftlich weiter äußerst aktiv und hält noch zahlreiche Freilandexkursionen ab, die sich großer Beliebtheit erfreuen. Die Gattung Ehrenpreis *(Veronica)* ist das Steckenpferd des Botanikers. Er beschrieb mehrere Arten, darunter den Wiener Gamander-Ehrenpreis.

Begeistert erzählt er die Geschichte von *Veronica orchidea*: Der Orchideen-Ehrenpreis hat auffällige, tiefblau leuchtende Blüten, die ein spezieller Duft auszeichnet. Sie riechen nach angebranntem Haar – das erinnert Fischer an seine Jugend, als Lockeneisen beim Frisör diesen Geruch erzeugten. 1769 beschrieb Heinrich Johann Nepomuk von Crantz diese Pflanzenart mit dem Zusatz *„In virgultis montanis Ottakling"* und weist so auf ihr einstmaliges Vorkommen in Gebüschen der höheren Lagen Ottakrings hin. Dann fiel die Pflanze wohl der fortschreitenden Bebauung zum Opfer und verschwand. Vor einigen Jahren tauchte sie überraschend in einem verwilderten Weingarten in Salmannsdorf wieder auf. Auch an benachbarten Waldrändern soll sie vorkommen. Obwohl der Orchideen-Ehrenpreis weiterhin als stark gefährdet gilt, macht seine Geschichte Hoffnung – verschwunden ist nicht immer gleich verschwunden.

möglicht. In der Vergangenheit wurden *Helleborus viridis* und verwandte Arten jedenfalls intensiv genutzt. Eine historische Verwendungsart erklärt die Trivialbezeichnung *Nieswurz:* Die getrocknete und gemahlene Wurzel wurde zu Niespulver verarbeitet. Häufig kultivierte man sie auch als Heilpflanze in Bauerngärten. Vor allem in der Tiermedizin wurde sie eingesetzt: Man fügte dem kranken Schwein oder Rind eine kleine Wunde zu, etwa ein Loch im Ohr, in das man auf bestimmte Zeit ein Stück *Helleborus*-Wurzel steckte. Manchmal trifft man im ländlichen Raum rund um Höfe noch auf Pflanzen, die vermutlich aus ehemaliger Kultur verwildert sind. Von der medizinischen Nutzung der *Helleborus*-Arten – schon geringe Mengen können eine tödliche Wirkung haben – ist man heute weitgehend abgekommen.

Heute schätzt man ihre optische Wandlungsfähigkeit: Dort, wo in der Naturlandschaft Bestände der Grünen Schneerose auf verwandte Arten treffen, hybridisieren sie miteinander. Staudenzüchter*innen fanden Gefallen daran, dass sich die Mitglieder der Gattung derart leicht miteinander kreuzen. Bereits Anfang des 19. Jahrhunderts wurde die Sortenvielfalt größer und größer. Die Blütenblätter der Züchtungen – weiß, gelb, purpur, pastellig-rosa oder samtig-schwarz schimmernd – zieren kräftige Sprenkel oder feine Streifen und neben einfachen Blütenformen gibt es auch gefüllte. In mannigfaltiger Erscheinung gedeihen *Helleborus*-Hybriden heute in Gärten. Formenreich zieren sie auch manche Rabatte in Wien. Ihr glänzendes, wintergrünes Laub ist optisch auffällig. Der Blick ins Innere der großen, eindrucksvollen Blüte lohnt: Hier finden sich eigentümliche, becherförmige Strukturen, die als Nektarbehälter dienen.

Von den Kulturpflanzen zurück zur wilden und selten gewordenen Grünen Schneerose: Eines ihrer zurzeit letzten Wiener Vorkommen liegt im 14. Bezirk. Mit etwas Glück lässt sie sich auf dem Stadtwanderweg Nummer 8 entdecken. Der genaue Standort wird hier nicht verraten – aus Naturschutzgründen ist in Fachkreisen eine gewisse Heimlichtuerei üblich, denn die Jagd nach botanischen Raritäten gehört längst nicht der Vergangenheit an.

BEHAARTES BRUCHKRAUT

(Herniaria hirsuta), Nelkengewächse *(Caryophyllaceae)*

Das Behaarte Bruchkraut *(Herniaria hirsuta)* wird nur wenige Zentimeter hoch und fällt trotz seiner Häufigkeit im Wiener Stadtbild zunächst kaum auf. Bei näherer Betrachtung zeigt sich die schlichte Schönheit des flach am Boden aufliegenden Nelkengewächses mit seinen winzigen grünen Blüten und den sternförmig angeordneten, fein behaarten Laubblättern. *Herniaria hirsuta* ist eine ausdauernde Art, die an günstigen Standorten durchaus mehrere Jahre gedeihen kann. Die Wildpflanze ist wärmebedürftig und bevorzugt sandige, humusarme, schwach saure Böden. Geeignete Bedingungen findet sie in Wien an vielen Ecken, wohingegen sie im Rest des Landes vom Aussterben bedroht ist. Noch vor wenigen Jahrzehnten war sie auf Äckern im Osten Österreichs gut vertreten. Heute bieten viele Agrarlandschaften einer Reihe von Wildpflanzen keinen geeigneten Lebensraum mehr. Gründliche Saatgutreinigung, Herbizid- und Düngereinsatz führen zu stark veränderten Rahmenbedingungen. Kulturpflanzen, auch züchterisch in diese Richtung bearbeitet, bilden überbordend

---

Bei vielen einst auf Feldern verbreiteten Arten erkennt man am Trivialnamen die Nähe zur Landwirtschaft. So auch beim mittlerweile stark gefährdeten Acker-Mannsschild oder dem frühlingsblühenden Acker-Gelbstern. Beide sind in Wien an sandigen Böschungen oder in Weingärten noch anzutreffen. Auch das botanische Artepitheton *arvensis* – auf Äckern wachsend – gibt einen eindeutigen Hinweis. Der Acker-Meier findet sich im ganzen Land nicht mehr und reiht sich damit in die Liste der verschwundenen Arten ein.

Behaartes Bruchkraut *(Herniaria hirsuta)*

gedüngt besonders dichte Bestände. Die Zwischenräume, die gerne von Wildpflanzen besiedelt werden, sind auf ein Minimum geschrumpft. Feldränder werden häufig mitbehandelt oder regelmäßig gemulcht, sodass auch dort nur wenige Arten einen geeigneten Lebensraum finden.

Viele Ackerwildpflanzen entstammen vorgeschichtlichen Naturlandschaften, in denen Erdrutsch, Windwurf oder Überschwemmungen offene und somit besiedelbare Flächen für sie schufen. Im Zwischenstromland von Euphrat und Tigris haben sie sich im Lauf der Jahrtausende auf die Menschen und ihre Kulturpflanzen abgestimmt. Sie folgten den Migrationsbewegungen der jungsteinzeitlichen Ackerbauern und gelangten nach und nach zu ihrer heutigen Erscheinung und Verbreitung. Als sich im Wiener Raum die Landwirtschaft zu etablieren begann, kamen auch die neuen Wildpflanzen hierher, die heute als *Archäophyten* bezeichnet werden. Die Kulturlandschaft mit ihrem Mosaik aus Wiesen, Weiden, Wäldern, Äckern und Weingärten, die auch heute an den Rändern der Stadt noch zu finden ist, hat die Artenvielfalt ermöglicht, die wir heute weitgehend als heimisch betrachten. Die große Biodiversität dieser traditionellen Landschaften beruhte dabei nicht nur auf ihren kleinräumigen Strukturen, sondern auch auf der jahrhundertelangen gleichförmigen und extensiven Bewirtschaftung. Die Entwicklung hin zu einer industrialisierten Form der Landwirtschaft bot sich den Menschen mit all ihren mittlerweile klar sichtbaren Nachteilen verlockend an, ließ den Lebensraum unzähliger Wildarten aber drastisch schrumpfen.

Unscharf im Hintergrund bilden Hausfassaden, Passanten und Straßenbahn die Kulisse für *Herniaria glabra,* das sich auf der beschriebenen Abbildung teppichartig über den Asphalt breitet. Das Kahle Bruchkraut ziert den Umschlag der mehr als 800 Seiten starken *Flora Wiens,* die im Verlag des Naturhistorischen Museums erschienen ist. Das Bild ist bezeichnend: Wie den Bruchkräutern gelingt auch anderen Pflanzenspezies der Sprung vom Land in die Stadt, von offenen zu stark überformten, weitgehend versiegelten Strukturen, von der Ackerwildpflanze zur Ruderalpflanze.

Ruderis bedeutet so viel wie Schutt. Ruderalpflanzen sind also Arten, die an stark vom Menschen beeinflussten Orten wachsen. Urbane Räume sind einem ständigen Wandel unterworfen und bieten einen großen Strukturreichtum: Gleisschotter entlang der Stadtbahn oder wenig beachtete Ränder von Infrastrukturanlagen sind ebenso wie Pflasterfugen und Asphaltrisse ein Refugium für bestimmte Arten. Im Gegensatz zu vielen ländlichen Gebieten werden im öffentlichen Raum Wiens keine Herbizide mehr eingesetzt. Generell scheint der Umgang mit der Ruderalflora hier etwas entspannter geworden zu sein: Es gibt zurückhaltend gepflegte Orte und bei manchen Neugestaltungen wird bewusst nicht vollständig versiegelt. Pflasterung in ungebundener Bauweise, wie etwa in der Bernardgasse im siebten Bezirk, ermöglicht nicht nur das Versickern von Niederschlagswasser, sondern lässt auch Wildpflanzen in den Fugen aufkommen.

Sowohl das Kahle wie auch das Behaarte Bruchkraut sind alte Medizinpflanzen, sie wirken als Tee krampflösend und heilend auf Niere und Blase. Knapp ein Drittel der heimischen Ackerwildpflanzen, also rund hundert Arten, können als Arznei eingesetzt werden. Von vielen, teils noch nicht erkennbaren Auswirkungen auf die Gesamtheit des Ökosystems abgesehen, hat der Verlust sogenannter Unkräuter also einen direkten Effekt auf den Menschen. Der wertschätzende Blick auf die urbane Artenvielfalt ändert zwar nichts an der Tatsache, dass die wachsende Stadt vielen Lebewesen auch Raum nimmt, dennoch ist sie nicht per se ein lebensfeindlicher Ort. Und mit Blick auf Prognosen zur Urbanisierung werden Städte als Lebensraum für Wildpflanzen wohl immer wichtiger werden, denn bis 2050 soll die große Mehrheit der geschätzten knapp zehn Milliarden Menschen in Städten leben.

Die Kornrade, ebenfalls ein Nelkengewächs, aber mit ihren pink leuchtenden Blüten deutlich auffälliger als die Bruchkräuter, schmückte früher in großer Zahl die Felder. Heute ist sie – selbst wenn sie ausgesät wird – ein äußerst seltener Anblick geworden, denn sie ist so stark an das Leben auf Feldern angepasst, dass sie langfristig an alternativen Standorten nicht existieren kann. Gemeinsam mit dem Getreide muss sie geerntet und auch wieder ausgebracht werden. Die moderne Saatgutreinigung entfernt selbst die kleinen Samen der Kornrade. Schlecht für die Pflanze, gut für die Menschen: In der Vergangenheit wurden ihre toxischen Samen teils in recht großen Mengen mit dem Getreide vermahlen, wodurch es in der Bevölkerung immer wieder zu Vergiftungen kam.

Färberwaid *(Isatis tinctoria)*

FÄRBERWAID

(Isatis tinctoria), Kreuzblütler *(Brassicaceae)*

In den Ottakringer Soho Studios simmern geschnittene Birkenrinde und zerstoßene Efeufrüchte in kleinen Töpfen. Währenddessen tauchen die Teilnehmer*innen des Workshops Pinsel und Stoffstücke in den Farbsud von Schwarznussschalen, Kiefernzapfen oder Weißdornrinde. Welche Farben sich aus den großteils zuvor im Wald gesammelten Pflanzenteilen extrahieren lassen, ist mitunter sehr überraschend. Die Nuancen reichen von hellen Beige- und Gelbtönen bis hin zu sattem Braun. Fügt man dem stahlgrauen Efeusud einen Schuss Essig bei, schlägt die Farbe in ein kräftiges Rosa um. Der Februar-Termin der Workshopreihe *The Turn of the Season* widmet sich der Kulturpraxis des Färbens mit Pflanzen. Idee und Umsetzung kommen von den beiden Künstlerinnen Dunja Krcek und Ivana Miloš. Das von ihnen gegründete *Dunjiva Kollektiv* setzt sich mit den vielfältigen Beziehungen der Menschen zur Natur auseinander. Ganz praktisch, wie hier im Workshop, aber auch im Rahmen von Lesungen, Ausstellungen oder performativen Spaziergängen. Unter dem mitgebrachten Anschauungsmaterial finden sich auch die Früchte des Färberwaids *(Isatis tinctoria)*: längliche, rundum geflügelte Schötchen, etwa eine Daumenbreite lang, aus denen sich jeweils ein bis zwei Samen lösen lassen. Der Färberwaid ist zweijährig, bildet im ersten Jahr bodennahe Blattrosetten und erst im Jahr darauf Blüten und Samen. Auch in Wien, etwa am Kellerberg in Siebenhirten, kann man ab Mai die leuchtend gelben Blüten des Waids entdecken. Durch ein kleines Experiment lässt sich erfahren, wie prähistorische Menschen vermutlich die farbgebenden Eigenschaften dieser Pflanze entdeckt haben: Kommt es an den Laubblättern zu kleinen Verletzungen, reagiert die farblose Vorstufe des enthaltenen Pigments mit dem Luftsauerstoff und wird zu blauem Indigotin. Im Salz des vorgeschichtlichen Bergwerkes von Hallstatt haben sich erstaunlich sorgfältig verarbeitete, teils fein gemusterte Fragmente von Kleidungsstücken erhalten. Sie stammen aus der Bronzezeit und Frühen Eisenzeit und gehören somit zu den ältesten Funden gefärbter Textilien. Die Farbstoffe stammen von Flechten, Pilzen und Pflanzen. Knapp die Hälfte der analysierten Textilien wurde mit Waid gefärbt.

Um Garnen und Stoffen das kräftig leuchtende Blau zu verleihen, musste allerdings erst eine aufwändige Technik – die sogenannte *Küpenfärberei* – entwickelt werden: Die *Waidküpe* entsteht, wenn die Laubblätter von *Isatis tinctoria* mit einer alkalischen Lösung, zum Beispiel einem Wasser-Asche-Gemisch, vermengt und fermentiert werden. Dabei gehen die in der Pflanze enthaltenen Pigmente in eine wasserlösliche Form über. Eingetauchte Textilien färben sich an der Luft innerhalb weniger Minuten leuchtend blau. Die Küpenfärberei gehört zu den ältesten biotechnologischen Fertigkeiten der Menschheit. Das belegen 5000 Jahre alte Funde aus dem Industal. Die dort gefundenen Farbspuren stammen von *Indigofera tinctoria*, allgemein als Indigostrauch bekannt. Seine färbende Wirkung beruht wie beim Waidblau auf dem Pigment Indigotin. Auch aus anderen Pflanzen wie der Indigolupine oder dem Färber-Knöterich lässt es sich gewinnen. Im Mittelalter war der Waid eine der wichtigsten Färberpflanzen Europas und wurde großflächig angebaut. Auch im Wiener Raum war er lange Zeit von großer Bedeutung. Erst mit der Erschließung des Seewegs nach Indien kam der aus *Indigofera*-Arten gewonnene Farbstoff in großen Mengen nach Europa und verdrängte allmählich den Waid.

Während die Küpenfärberei erst erfunden werden musste, um blaue Textilien zu erhalten, bedurfte es der Entdeckung von Beizmitteln, um rote und gelbe Naturfarben dauerhaft mit Stofffasern zu verbinden. Anfangs wurden dazu Moorwasser, Urin sowie gerbstoff- oder säurehaltige Pflanzen zugesetzt.

Die Nutzung mineralischen Alauns zur Fixierung der Pigmente ermöglichte die Weiterentwicklung der Textilfärberei. Anfang des 19. Jahrhunderts gab es in Wien noch zahlreiche Färber – die Färbergasse erinnert daran, dass sie ursprünglich in der Inneren Stadt angesiedelt waren. Später ließen sie sich am Wienfluss zwischen Sechshaus und Meidling nieder. Da dort auch andere Handwerksbetriebe das Flusswasser nutzten und mitunter stark verschmutzten, transportierten die Färber ihre Wolle manchmal bis nach St. Veit, um sie dort zu waschen. Etwa bis zur Mitte des 19. Jahrhunderts kamen bei den Wiener Färbern uneingeschränkt natürliche Pigmente zum Einsatz. Das größer werdende Angebot an synthetischen Farbstoffen führte zu ihrer allmählichen Verdrängung. Durch ein vermehrtes Umweltbewusstsein ab dem Ende des 20. Jahrhunderts und die Aktivitäten von Künstler*innen und Kunsthandwerker*innen kam es zu einer Rückbesinnung auf Naturpigmente. In sehr kleinem Umfang hat sich mit dem traditionellen Blaudruck bis heute eine alte Färbetechnik erhalten, die eng mit der Küpenfärberei verbunden ist – in Österreich gibt es noch zwei aktive Betriebe.

Obwohl Pflanzen Grün in allen Schattierungen und Intensitäten hervorbringen, eignet sich Chlorophyll nicht zum Grünfärben von Textilien. Das hatten schon die Menschen der Hallstattkultur erkannt. Sie gingen schrittweise vor und kombinierten Gelb- und Blaufärbung, um grüne Nuancen zu erhalten. Den gelben Farbstoff lieferte dabei häufig *Reseda luteola,* der Färber-Wau.

Die ursprüngliche Heimat dieser blassgelb blühenden Pflanzenart ist der mediterrane Raum. So wie den Waid, der ursprünglich aus Westasien stammt, findet man auch den Färber-Wau stellenweise als Kulturrelikt in der Stadt, wo er gerne trockene Ruderalfluren besiedelt.

HUMMEL-RAGWURZ

(Ophrys holoserica), Orchideen *(Orchidaceae)*

Der besonders heiße Sommer 2015 führte dazu, dass im Jahr darauf im Botanischen Garten der Universität Wien erstmals ein Exemplar der Tiger-Orchidee blühte. Nicht nur die großen, orange-braun gefleckten Blüten dieser ostasiatischen Art sind spektakulär: Mit ihren dicken, fleischigen Sprossen von bis zu fünf Meter Länge gilt die *Königin der Orchideen* als weltweit größte und schwerste Art ihrer Familie. Im Londoner Kristallpalast wurde Mitte des 19. Jahrhunderts ein Exemplar gezeigt, das zwei Tonnen auf die Waage gebracht haben soll.

Häufig werden Orchideen mit tropischen Wäldern in Verbindung gebracht. Umso erstaunlicher ist es, dass Wien rund fünfunddreißig wildwachsenden Orchideenspezies Lebensraum bietet – die Stadt liegt damit im europäischen Spitzenfeld. *Ophrys holoserica*, eine Art der Magerwiesen und Halbtrockenrasen, der lichten Wälder und Waldsäume, lässt sich im Frühling etwa am Leopolds- und Bisamberg oder im Lainzer Tiergarten entdecken. Auch bei einem Spaziergang an den Heißländen der Lobau kann man sie bestaunen. Lanzettliche Laubblätter ummanteln die Sprossachse an der Basis der zierlichen Pflanze. Die Einzelblüten sind klein, aber auffällig: Die trapezförmige, gelb gemusterte Lippe ist satt dunkelbraun gefärbt und am Rand behaart, Kelch- und Kronblätter sind meist rosa getönt. Ein Insekt fliegt die ungewöhnlichen Blüten an. Die klassische Kombination von Biene und Blume im Frühling? In diesem Fall nicht ganz, handelt es sich doch um die Hummel-Ragwurz, die – wie mehr als die Hälfte der Orchideenarten Österreichs – keinen Nektar produziert und deshalb eine faszinierende Strategie entwickelt hat, um Bestäuber anzulocken. Sie imitiert Farbe, Form, Behaarung und sogar den Duft von Langhornbienen, und das so täuschend echt, dass sie männli-

Hummel-Ragwurz *(Ophrys holoserica)*

che Tiere zum Besuch ihrer Blüten animiert. In der Annahme, sich mit einem Weibchen zu paaren, transportieren die Insekten Blütenpollen von einer Pflanze zur nächsten. *Ophrys holoserica* wird daher auch als *Sexualtäuschblume* bezeichnet.

Die Heißländen der Lobau, einst durch die Hochwasserdynamik der noch unregulierten Donau aus Sand- und Schottergeschiebe entstanden, sind trocken-warme Lebensräume, die viele selten gewordene Tier- und Pflanzenarten beherbergen. Im April und Mai bilden verschiedene Orchideen gemeinsam mit Arten wie Steppen-Wolfsmilch, Gewöhnlichem Sonnenröschen und *Ornithogalum kochii,* einem Mitglied aus der Gattung der Milchsterne, farbenfrohe Teppiche im dichten Grün der Auenlandschaft – ein überraschendes Idyll unweit des Stadtzentrums. Hier in der Lobau fand eine groß angelegte Orchideenrettungsaktion statt: Als ab 2009 der Marchfeldschutzdamm erhöht wurde, konnten im Vorfeld tausende lebende Orchideen in Rasenziegeln abgetragen und nach Fertigstellung der Dammanlagen erfolgreich wieder angesiedelt werden.

Auch die Magerwiesen an den naturnahen westlichen Rändern Wiens bieten zahlreichen Orchideenarten einen wertvollen Lebensraum. Hier herrscht tendenziell ein geringerer Nutzungsdruck im Vergleich zu intensiv bewirtschafteten ländlichen Gebieten, weshalb nicht gedüngt und seltener gemäht wird. Das führt zu einer besonders vielfältigen, optisch reizvollen Flora auf den nährstoffarmen Wiesen am Stadtrand. Überraschenderweise nimmt die Artenvielfalt bei wenig Nährstoffangebot nicht ab, sondern zu. Das erscheint vielleicht zunächst paradox, aber dort, wo es nicht viel gibt, siedeln sich Pflanzen an, die mit wenig gut zurechtkommen, aber Schwierigkeiten haben, sich unter besseren Bedingungen gegen Konkurrenz durchzusetzen. Von diesen Spezialisten gibt es im Pflanzenreich viele, sodass die kargen Wiesen am Stadtrand von Wien besonders artenreich sind. Ein weiterer Grund für die vorherrschende Fülle sind die unterschiedlichen geologischen und klimatischen Zonen, die im Stadtgebiet aufeinandertreffen und besonders diverse Lebensräume schaffen. Leider sind viele seltene Arten durch menschlichen Einfluss in ihrem Bestand stark gefährdet. Besonders drastisch zeigt sich das an weiteren heimischen Orchideenarten: Der Gelbe Frauenschuh kommt in Wien aktuell nur noch an einem Standort vor, an dem bei jüngsten Kartierungen gerade einmal eine einzelne Pflanze gefunden wurde. Auf Wiener Boden bereits verschwunden sind das Sumpf-Knabenkraut mit seinen leuchtenden lila Blüten oder die grünlich-gelb blühende Einknollige Honigorchis. Traurigerweise vermindern Menschen also den Artenreichtum, zu dem sie durch die Schaffung von Wiesen und Weiden selbst beigetragen haben. Doch es gibt auch positive Entwicklungen: Obwohl erst vor wenigen Jahrzehnten entstanden, hat sich auf der Donauinsel ein besonders artenreicher Lebensraum gebildet, in dem sich mittlerweile sogar einige Orchideenarten heimisch fühlen.

Mitte des 19. Jahrhunderts waren Orchideen sehr begehrt und man betrieb eine regelrechte, Kontinente umspannende Jagd auf sie. Viele neu entdeckte Arten dieser Zeit wurden von Heinrich Gustav Reichenbach, dem damals führenden Experten auf diesem Gebiet, beschrieben. Sein umfangreiches Herbarium mit einer unglaublichen Fülle an Orchideen ging posthum an das kaiserliche Hofmuseum in Wien, musste aber laut testamentarischer Verfügung fünfundzwanzig Jahre lang unter Verschluss gehalten werden. Reichenbach wollte so konkurrierende Botaniker*innen ausbremsen. Als die zahlreichen Kisten, Schränke und Pakete, die beim Transport aus Deutschland ganze vier Eisenbahnwaggons gefüllt hatten, 1914 endlich geöffnet wurden, verdoppelte sich die Botanische Sammlung des Naturhistorischen Museums auf einen Schlag und wurde zu einer der bedeutendsten der Welt.

KLATSCHMOHN

(Papaver rhoeas), Mohngewächse *(Papaveraceae)*

Ein schmaler, bewölkter Himmelsausschnitt, darunter zwischen Obstbäumen leuchtendes Rot als tragende Farbe: Klatschmohn *(Papaver rhoeas)* auf einer Wiese gemeinsam mit anderen Blumen. Die Komplementärfarben Rot und Grün erzeugen nicht nur auf Klimts Gemälden einen starken Kontrast, auch in der Natur lenkt dieser Effekt den Blick auf die Wildpflanze.

Von Klimt als Wiesenblume dargestellt, ist *Papaver rhoeas* eigentlich ein klassisches Ackerwildkraut und so wie viele andere Beikräuter mittlerweile von den meisten Feldern verschwunden. Die Arten, die in der Vergangenheit die Optik der Kulturlandschaft wesentlich prägten, führen heute oft ein Nischendasein. So taucht der Klatschmohn ab Mai da und dort auf extensiv bewirtschafteten Feldern, an Wegrändern oder in Gärten auf. Auch im Wiener Stadtgebiet fühlt er sich stellenweise sehr wohl – spontan aufkommend in Pflasterfugen und auf Baustellen oder als Element von Saatgutmischungen, die gerne genutzt

---

Raoul Heinrich Francé, 1874 in Wien geboren, arbeitete interdisziplinär in den Bereichen Biologie und Philosophie. Anfang des 20. Jahrhunderts suchte er nach einer Möglichkeit, Mikroorganismen möglichst gleichmäßig auf einer Fläche aufzubringen. Beim Klatschmohn wurde er fündig: Die mit kleinen Öffnungen versehenen Samenkapseln inspirierten ihn. Seine Skizzen führten schließlich zur Erfindung des Salzstreuers. Vor Aufkommen dieses heute so selbstverständlichen Alltagsgegenstandes wurde Salz etwa in kleinen Fässern oder in teils kostbar verzierten Schalen – Stichwort Saliera – bei Tisch gereicht. So simpel die Erfindung aus heutiger Sicht erscheint, war sie doch ein Meilenstein in der Technikgeschichte und machte Francé zum Begründer der Biotechnik, heute weitgehend als Bionik bekannt.

Gustav Klimt:
Blühender Mohn.
1907, Belvedere

werden, um effektvolle, reich blühende Wiesenstücke zu schaffen. Neben dem Klatschmohn sind aber auch viele der anderen verwendeten Arten keine klassischen Grünlandpflanzen. Die Blühfreudigkeit dieser Flächen ist anfangs groß, lässt aber häufig rasch nach, weil die Pflanzen teils kurzlebig sind, offenen Boden brauchen, um keimen zu können, oder nicht gut an das Mähen angepasst sind – die Entwicklung einer artenreichen Wiese dauert weit länger, als es die Ungeduld des Menschen zulässt.

Der Klatschmohn kam als *Archäophyt* mit dem Getreide der ersten Ackerbauern in die Gegend des heutigen Wiens. In vorgeschichtlicher Zeit konnten sich viele Pflanzenarten in der Urlandschaft der heutigen Stadt großflächig erst ansiedeln, als die Menschen begannen, sesshaft zu werden und dabei Wiesen, Weiden, Gärten und Felder anlegten. Zwar gibt es auch Theorien, die besagen, dass einst auch in Mitteleuropa große Herden pflanzenfressender Säugetiere prärieartiges Offenland schufen, dennoch waren vermutlich vor der menschlichen Siedlungstätigkeit ausgedehnte Zonen von dichtem Wald bedeckt. Für Wildpflanzen, die in Samenform im Saatgut mitrei-

Klatschmohn *(Papaver rhoeas)*

sten, boten die Felder der Menschen in jedem Fall eine Möglichkeit, rasch neue Regionen zu besiedeln. Urzeitliche Pollenablagerungen von Pionierpflanzen wie dem Klatschmohn deuten in hohen Prozentzahlen auf verstärktes menschliches Wirken hin, so dass Rückschlüsse auf prähistorische Siedlungsdynamiken gezogen werden können.

Im Gegensatz zum Klatschmohn mit seinen länglichen, schmalen Kapseln bildet Schlafmohn deutlich größere, kugelige von mehreren Zentimetern Durchmesser. Innerhalb Österreichs wurde Schlafmohn in verhältnismäßig großem Umfang im Waldviertel kultiviert. In einer Agrarstatistik der k. u. k. Monarchie lässt sich lesen, dass 1912 dort noch 1200 Hektar Mohn angebaut wurden. In den Nachkriegsjahren ging der Anbau der arbeitsintensiven Sonderkultur stark zurück, wurde aber gegen Ende des vergangenen Jahrhunderts wiederbelebt. Heute leuchten die Mohnblüten wieder weiß, rosa und rot von den Feldern. Für die überwiegend noch klein strukturierte Kulturlandschaft der Region ist Mohn eine wichtige Nutzpflanze. Die winzigen, rundlichen Samen finden sich etwa in Süßspeisen oder auf dem klassischen Mohnweckerl wieder. Das Rohopium, das aus dem Milchsaft der unreifen Schlafmohnkapseln gewonnen wird, war wohl eines der ersten hochwirksamen Schmerzmittel der

---

Ein oft wiederholtes florales Motiv in Klimts Werken ist die Sonnenblume. In stilisierter Form lässt sich der Korbblütler auch an den historischen, resedagrün gestrichenen Metallgeländern entdecken, auf die man beim Spazieren durch die Stadt häufig trifft. Außerhalb Wiens gibt es die gusseisernen, von Otto Wagner entworfenen *Sonnenblumengeländer* nur in einigen wenigen ehemaligen Metropolen der Habsburgermonarchie – in Dubrovnik werfen Palmen ihre langen Schatten auf sie. Auch an den Stadtbahn-Pavillons am Karlsplatz integrierte Wagner Sonnenblumen als gemaltes Fassadenelement.

Menschheit: Mohnsamen tauchen an unzähligen archäologischen Fundstätten auf und weisen auf die große Bedeutung des potenten Analgetikums hin. Morphin, der Hauptwirkstoff des Opiums, wurde ab 1828 als Arznei vermarktet. Es zeigte sich jedoch bald, dass es stark abhängig machte. Die Pharmaindustrie bemühte sich, ein ebenso schmerzstillendes, aber nicht süchtig machendes Mittel aus dem wertvollen Pflanzenrohstoff herzustellen. Dies gelang scheinbar gegen Ende des 19. Jahrhunderts. Wegen seiner vermeintlich heroischen Wirkung als *Heroin* bezeichnet, wurde es kurze Zeit später auf den Markt gebracht. In der Allgemeinen Wiener medizinischen Zeitung vom 5. Februar 1907 wird es noch als potenter Hustenstiller angepriesen. Erst Jahre später erkannte man die negativen Folgen und das Suchtpotenzial der Arznei. Heroin wurde vom Medikament zur illegalen Droge und der Anbau von *Papaver somniferum* in vielen Ländern verboten. Der Klatschmohn, der uns im Sommer in Wien am Wegrand oder von Blühflächen entgegenleuchtet, enthält zwar ebenfalls Alkaloide und ist daher leicht giftig, allerdings weist sein weißer Milchsaft kein Morphin auf.

EINJÄHRIGE RISPE

(Poa annua), Süßgräser *(Poaceae)*

Gräser sind krautige Pflanzen mit langen, schmalen Blättern und meist eher unscheinbaren Blüten. Die Familie der Süßgräser ist eine der mitgliederstärksten im Pflanzenreich. Dessen ungeachtet treten sie meist in den Hintergrund der menschlichen Wahrnehmung, werden häufig zur Kulisse für andere Pflanzen und das, obwohl sie zum Beispiel in Städten oft den wesentlichen Teil grüner Parkflächen ausmachen. Vielleicht fallen uns Gräser deshalb nicht so sehr ins Auge, weil wir sie

Einjährige Rispe *(Poa annua)*

nur schwer voneinander unterscheiden können: Vom Wind bestäubt, verfügen ihre Blüten kaum über optisch auffällige Merkmale.

Poa annua, die Einjährige Rispe, ist äußerst tolerant, was Betritt angeht, und besiedelt lückigen Rasen genauso wie Wegränder, Pflasterfugen, Mauerfüße oder Baustellen. Ihre kurzen, lichtgrünen Halme bilden lockere Büschel. Während andere Grasarten häufig erst im Mai richtig in Blüte gehen, bildet sie teils schon im Vorfrühling ihre winzigen Blütenstände. Bei passendem Wetter können die Samen fast das ganze Jahr über keimen. Unauffällig und klein, aber anpassungsfähig und damit überaus erfolgreich – die Einjährige Rispe ist wohl Wiens häufigste Grasart. Unterzieht man das Gräserspektrum der Stadt einer näheren Betrachtung, landet man rasch auch beim optisch ähnlichen Kleinen Liebesgras. Es ist allerdings sehr wärmebedürftig und tritt deshalb erst später im Jahr in Erscheinung. Seinen eigentlichen Verbreitungsschwerpunkt hat es im Mittelmeerraum, sonnenwarme Pflastersteine lassen dem zarten Gras aber auch in Wien eine Heimat finden.

Auch die Mäusegerste stammt aus milderen Regionen und kommt außerhalb von Siedlungen kaum vor. In Wien wächst sie oft in dichten Beständen auf Baumscheiben und Brachen, sodass Passant*innen bei deren Anblick teils an gekeimtes Getreide aus Vogelfuttermischungen denken. Zwar ist die niedrig bleibende Gerstenart mit der Kulturform *Hordeum vulgare* verwandt, allerdings sind ihre Samen so klein, dass sie für den Anbau und menschlichen Genuss ungeeignet scheinen. Die Grannen der Mäusegerste sind mit Widerhaken versehen. Dadurch können sich die Samen an Tierfellen oder Kleidungsstücken festsetzen und sich so über die ganze Stadt verteilen. Als *Schliafhansl* bezeichnet, dienten die Ähren der Mäusegerste einst Wiener Kindern als Zukunftsorakel: In den Ärmel gesteckt, wanderten sie durch Körperbewegungen nach oben. Je nachdem, wo sie dann wieder zutage traten, bedeutete das ein Ja oder Nein auf eine vorab gestellte Frage. Besonders für Hunde kann die Begegnung mit der Mäusegerste sehr unangenehm werden, wenn sich ihre juckenden Grannen zwischen den Zehen, an den Ohren oder Augen der Tiere festsetzen. Das Hundszahngras trägt zwar den Vierbeiner im Namen, birgt jedoch keinerlei Unannehmlichkeiten für diese. Es scheint aufgrund seiner kurzen und steifen, hundszahnähnlichen Blätter diesen Namen zu tragen. Man kennt diese aus den Subtropen stammende, wärmeliebende Art auch unter dem Trivialnamen Bermudagras. In anderen Erdregionen ist es ein geschätztes Weidegras: Es ist ausdauernd, bildet ober- sowie unterirdisch teppichartige Ausläufer und ist unempfindlich gegenüber Trockenheit. So bringt es auch ideale Voraussetzungen mit, um sich in Wien wohlzufühlen und auszubreiten. Mit der sommerlichen Stadthitze kommt das Hundszahngras vor allem deshalb so gut zurecht, weil es eine sogenannte C4-Pflanze ist: Für die Bildung von Zucker benötigen Pflanzen Kohlendioxid. Durch kleine Öffnungen lassen sie deshalb die Umgebungsluft in ihre Blätter strömen – und zwar dann, wenn die Sonne Energie für dieses Unterfangen bereitstellt. Das kann für Gewächse aber schnell zum Nachteil werden, denn wenn es sehr heiß ist, geht auch rasch Feuchtigkeit verloren. C4-Pflanzen helfen sich, indem sie Kohlendioxid für die Photosynthese als Oxalacetat speichern. Dieses besteht aus vier Kohlenstoffatomen – daher der Name C4-Pflanze. Aus diesem Zwischenprodukt wird der energiespendende Zucker hergestellt. Der Trick besteht darin, dass beide Vorgänge in unterschiedlichen Zellen des Blattes stattfinden. Der große Vorteil ist, dass so bei C4-Pflanzen die Zuckerherstellung tagsüber auch bei teilweise geschlossenen Spaltöffnungen weiterläuft und sie folglich bei Hitze mehr Biomasse aufbauen können als herkömmliche Pflanzen. Arten, die diese Form der Energiegewinnung nutzen, haben ihren Ursprung in trockenwarmen Klimazonen. Zu ihnen zählen etwa Hirse, Mais oder Zuckerrohr – allesamt Gräser. Die Einjährige Rispe ist zwar keine C4-Pflanze, aber verbreitungstechnisch eines der erfolgreichsten Gewächse der Welt. *Poa annua* kommt heute auf allen Kontinenten vor und ist die einzige Blütenpflanze, von der selbst in der Antarktis reproduzierende Bestände nachgewiesen werden konnten – eine wahre Allerweltspflanze also.

GROSSER WIESEN-BOCKSBART

(Tragopogon orientalis), Korbblütler *(Asteraceae)*

Kopfweiden säumen einen schmalen Bach, bunte Mähwiesen wechseln mit alten Streuobstbeständen und bewaldeten Zonen: Die Wiener Steinhofgründe muten teils idyllischer an als so manche ländliche Region. An diesem warmen Tag im zeitigen Frühling lassen sich einige Besucher*innen bereits im noch kurzen Gras nieder. Unter das Lachen herumlaufender Kinder mischt sich das leise Gespräch einiger Frauen in türkischer Sprache. Mit gleichmäßigen Schritten und geneigten Köpfen gehen sie suchend über die Wiese. Noch sind einzelne Pflanzenarten schwierig auszumachen, die meisten befinden sich am Anfang ihrer Entwicklung: Gräser bilden niedrige Horste, ein- und zweijährige Kräuter dicht am Boden aufliegende Blattrosetten. Blüten sind kaum noch zu sehen. Doch die Augen der Frauen sind geübt. Großmütter, Mütter oder Tanten haben ihnen früh gezeigt, nach welchen Pflanzen sie Ausschau halten sollen. Mit gleichmäßigen Bewegungen pflücken sie diese an der Basis. Beim interessierten Nachfragen lässt sich erfahren, dass sie eine Pflanze mit dem Namen *Yemlik* sammeln – zarte Blattrosetten von graugrüner Farbe, beinahe mit Grashorsten zu verwechseln.

Großer Wiesen-Bocksbart *(Tragopogon orientalis)*

Wird *Tragopogon orientalis* nicht geerntet, entwickelt er eine verzweigte Sprossachse von bis zu siebzig Zentimeter Höhe. Bauchig umfassen die langen Laubblätter an ihrer Basis den Stängel. Ein weißlicher Streifen durchquert sie mittig bis zu den spitz zulaufenden Enden. *Tragos* für Ziegenbock und *pogon* für Bart aus dem Griechischen bilden den Gattungsnamen der Pflanze. Morgens, aber nur bei schönem Wetter, öffnet sie ihre goldgelben Blüten, um sie einige Stunden später wieder zu schließen – in diesem Zustand erinnern die Blütenköpfe tatsächlich an einen Bocksbart. Umso mehr im verblühenden Zustand. Die Früchte schließlich ähneln mit ihrem fedrigen Anhängsel denen eines überdimensionierten Löwenzahns. Wie auch andere Korbblütler verbreitet sich der Große Wiesen-Bocksbart als Schirmchenflieger. In Wien kommt er auf den ausgedehnten Wiesen am Westrand der Stadt teilweise recht zahlreich vor, manchmal auch an Wegrändern oder mäßig trockenen Böschungen.

In Anpassung an Mahd und Beweidung haben Arten wie der Große Wiesen-Bocksbart Strukturen entwickelt, die sich dicht an den Boden schmiegen: Wird die Pflanze abgeschnitten oder abgefressen, können die Blätter der grundständigen Rosette weiter Photosynthese betreiben. Teils kann dann auch noch ein Neuaustrieb mit Blütenbildung erfolgen. Der Wiesen-Bocksbart ist in allen Teilen essbar. Geerntet werden Sprosse und Blätter bis in den Juli hinein. In der Türkei als Wildgemüse besonders geschätzt, werden die jungen, endivienartig schmeckenden Sprosse als Salatzutat und gekocht gegessen oder ganz pur nur mit etwas Salz gereicht. Auch in Teig getaucht und frittiert schmecken sie. Triebspitzen mit noch geschlossenen Blütenknospen lassen sich in würzige Essigmarinade einlegen. Die Wurzel kann ähnlich wie die verwandte Schwarzwurzel zubereitet werden. Zu kulinarischen Zwecken wird im Frühling nach ihr gegraben, im Sommer und Herbst für medizinische. Sie wirkt blutreinigend, harn- und schweißtreibend.

In der naturnahen Kulturlandschaft der Steinhofgründe ist *Tragopogon orientalis* gut vertreten. Dank einer Bürgerinitiative in den 1970er-Jahren vor der Verbauung gerettet, können heute hier nicht nur zahlreiche alte Obstbäume, sondern auch Wiesen, Waldsäume und Wegränder des Areals beerntet werden. Hunde haben hier keinen Zutritt – ideale Bedingungen also. Die sammelnden Frauen erzählen, dass sie neben den Schösslingen des Großen Wiesen-Bocksbarts auch gerne Löwenzahnblätter und Brennnesseltriebe von hier mitnehmen.

Wildpflanzen werden schon seit sehr langer Zeit als Nahrung geschätzt. Prähistorische Menschen, die auf dem Gebiet des heutigen Wiens nomadisch lebten, durchstreiften Wälder und Auen jagend, vermutlich aber vor allem sammelnd: Sprosse, Blätter, Wurzeln, Samen, Nüsse, Beeren und weitere Früchte standen auf dem Speisezettel. Insekten, Fische, Vögel und andere, meist kleine Tiere dienten als eiweißreiche Ergänzung der pflanzenbetonten Ernährung. Die frühen Menschen standen in engem Kontakt mit ihrer Umwelt und mussten, um überleben zu können, ein umfassendes Verständnis für sie entwickeln. Das permanente Bestimmen von bekömmlichen und ungenießbaren Pflanzenarten war dabei nicht nur eine lebensnotwendige Fertigkeit, sondern auch ein entscheidender Beitrag zur intellektuellen Entwicklung der Menschen. Die Zeitspanne, in der Pflanzen nicht mehr ausschließlich wild gesammelt, sondern auch in Gärten und auf Feldern kultiviert werden, ist mit Blick auf die jahrtausendelange Menschheitsgeschichte nur sehr kurz. Der Beginn des Gangs in die Obst- und Gemüseabteilung des Supermarkts ist diesbezüglich kaum erwähnenswert. Dem Sammeln von Wildpflanzen haftete in Wien nach den Notzeiten der Kriege ein schlechter Ruf an. Seit einigen Jahrzehnten begeistern sich aber wieder zunehmend mehr Menschen für die Materie und uraltes Erfahrungswissen wird wieder an jüngere Generationen weitergegeben.

GROSSE BRENNNESSEL

(Urtica dioica), Brennnesselgewächse *(Urticaceae)*

Ein schmaler Pfad führt durch den kleinen, schattigen Nachbarschaftsgarten am Rande des Campusgeländes am Alsergrund – eine unkonventionelle, gemeinhin vermutlich als verwildert geltende Anlage. Bei genauem Hinsehen offenbart sich aber ein Miteinander von Wild- und Kulturpflanzen. Speziell eine Parzelle fällt ins Auge: Unter einem Pfirsichbaum gedeiht ausladend Rosmarin und die dornigen Ruten einer Brombeere wachsen in das fein verzweigte Geäst einer wilden Rose. Den überwiegenden Teil der Fläche nimmt die Große Brennnessel *(Urtica dioica)* für sich ein. Bewirtschaftet wird dieser kleine Flecken Stadtgarten von Isabella Klebinger. Sie ist vielfältig tätig, unter anderem als Raumplanerin, Künstlerin und Initiatorin von *Ökocampus Wien* – das verbindende Element ist die Begeisterung für den Artenschutz. Nachdem sie als Mitbegründerin des Gartenprojekts hier am Alsergrund zunächst Salat setzte und Ringelblumen säte, wuchs bald ihr Interesse an wild aufkommenden Pflanzen. Schon bevor Begriffe wie *Wildlife* oder *Forest Gardening* auf breiter Ebene bekannt wurden und Wilden Ecken auch im öffentlichen Raum zu mehr Akzeptanz verhalfen, entschied sie sich dafür, nur wenig einzugreifen und das kleine Ökosystem ihrer Parzelle in seiner Entstehung zu begleiten. Sie freute sich, als die Brennnessel auftauchte: Biogemüse ist in großer Vielfalt auf Märkten verfügbar, das Sammeln von Wildgemüse hingegen ist in der Stadt nur an ausgewählten Orten möglich. Es macht also Sinn, schmackhafte Arten zu kultivieren. Rasch bildeten die ersten Brennnesseln ein flaches, weit verzweigtes Wurzelsystem. Ableger ihrer Bestände verteilte Isabella Klebinger auf andere, nicht genutzte Ecken im Garten. Nach anfänglicher Skepsis waren die übrigen Mitglie-

Große Brennnessel *(Urtica dioica)*

der des Gemeinschaftsgartens bald ebenso von der Pflanze angetan. Von einem im Topf gezogenen Exemplar auf der Gartenmauer steigen feine Blütenstaubwölkchen auf: Die reifen Staubbeutel der Brennnessel explodieren beinahe mit halber Schallgeschwindigkeit – bei großen Beständen ein beeindruckendes Schauspiel. Das Artepitheton *dioica* bedeutet zweihäusig. Die männlichen und weiblichen Blüten befinden sich auf verschiedenen Pflanzen. Beim aufmerksamen Vergleich lassen sich die Blütenstände gut voneinander unterscheiden: Die männlichen, waagrecht abstehenden sind weißlich – sieht man ganz genau hin, erkennt man jeweils vier Blütenhüll- und Staubblätter – die traubenartig überhängenden weiblichen sind grünlich. Mit winzigen, pinselartigen Narben fangen sie den Pollen auf.

Die ursprüngliche Heimat der Großen Brennnessel sind Auwälder. Mit Vorliebe besiedelt sie aufgrund ihrer Stickstoffaffinität Orte menschlicher Nutzung, die zumindest eine gewisse Zeit sich selbst überlassen wurden. Im Gegensatz zur ebenfalls in Wien heimischen Kleinen Brennnessel können ihre Bestände viele Jahre alt werden. Schon im *Wiener Dioskurides* als Allheilmittel angepriesen, kommt sie noch heute medizinisch vielfältig zum Einsatz. Mit festem Griff zupft Isabella Klebinger ein einzelnes Brennnesselblatt ab und rollt es zwischen den Fingern. Die Nesselhaare werden so unschädlich gemacht. Spürt sie doch ein Brennen, empfindet sie es nicht als unangenehm, sondern als wach machend und belebend. Die Brennhaare sind mit kieselsäurehaltigen, festen Zellwänden ausgestattet. Bei Berührung brechen sie scharfkantig und dringen wie Nadeln in die Haut ein, um ein Gemisch, das unter anderem Histamin und Ameisensäure enthält, zu injizieren. Die positiven Effekte der Brennwirkung wussten Menschen bereits früh zu nutzen. *Brennnesselschlagen* ist aufgrund seiner durchblutungsfördernden Wirkung nicht nur ein beliebtes Mittel bei verspannten Muskeln, Rheuma und Gicht, sondern galt bereits in der Antike als anregende Sexualpraktik, die anschließende Berührungen intensivierte – vielleicht geht die Redewendung von der brennenden Liebe darauf zurück. Weniger schmerzhaft, aber ebenso erfolgversprechend scheint eine italienische Rezeptur, um 1490 von der Gelehrten Caterina Sforza Riario niedergeschrieben: *„Nimm zerstoßenen Brennnesselsamen, mische ihn mit Pfeffer und Honig und trinke dies in Wein, das erregt alles."* Die knapp stecknadelkopfgroßen Samen weisen große Mengen Linolsäure, Vitamine und Mineralstoffe auf. Enthaltene Phytohormone wirken positiv auf Libido und Milchbildung.

Auch andere Teile der Pflanze haben es in sich, denn Stängel und Blätter sind reich an Eisen. Auch Chlorophyll kommt in großen Mengen vor, weshalb Brennnesselauszüge teils zum Färben von Lebensmitteln dienen. Allseits bekannt ist die entschlackende Wirkung von Brennnesseltee. Für die kulinarische Nutzung werden junge Blätter und Triebspitzen meist kurz blanchiert. Sie schmecken zu Pesto verarbeitet oder klassisch als Spinatgemüse. Getrocknet und gemahlen ergeben sie ein aromatisches Suppengewürz. Auch Isabella Klebinger verwendet die Pflanze gerne in der Küche – kurz auf den Grill gelegt, werden junge Triebe zu einem knusprigen Snack. Doch waren weniger kulinarische, als vielmehr ökologische Motive für sie ausschlaggebend, die Pflanze auf ihrer Parzelle zu fördern. Hier im Garten tummeln sich unzählige Marienkäferlarven und Ameisen auf ihnen. Vor der Ernte untersucht sie die gezähnten Blätter auf Insektengelege. Speziell an sonnigen Standorten ist *Urtica dioica* nämlich eine bedeutende Futterpflanze für viele Tagfalterraupen – Schmetterlingsarten wie das Landkärtchen oder der Kleine Fuchs sind von ihr abhängig.

Neben der Nutzung als Nahrung und Medizin besteht zwischen Mensch und Brennnessel noch eine weitere Verbindung. Der bislang älteste Fund der Pflanze in einer menschlichen Siedlung ist auf rund 30.000 Jahre v. u. Z. datiert: Bei Ausgrabungen in Höhlen unweit des tschechischen Mikulov waren Bastfasern aus ihren Stängeln unter den Funden. Anfangs wurden diese zu groben Schnüren und Seilen, später auch zu feinem Garn verarbeitet. Reißfest, aber auch geschmeidig, lässt sich Nesselgarn aus gut aufbereiteten Fasern zu weichem, seidig glänzendem Tuch mit kühlenden Qualitäten verweben. In vergangenen Epochen wurde es gerne als Untergewand getragen. In den Mangeljahren des Ersten Weltkrieges gab es eine Phase der Rückbesinnung auf die heimische, leicht erhältliche Faser als Ersatz für die Importgüter Jute und Baumwolle. In der Wiener Zeitung vom 28. September 1915 wird davon berichtet, dass *„es kein seltenes Bild sei, Abteilungen von Soldaten oder Kriegsgefangenen in den österreichischen Ländern mit dem Einsammeln der Nesseln beschäftigt zu sehen"*. Bereits einige Jahre zuvor widmeten sich Wiener Textilunternehmen den industriellen Verarbeitungsmöglichkeiten der Brennnessel. Im Wiener Polizeimuseum in der Marokkanerkaserne wird eine Uniform der Sicherheitswache von 1918 gezeigt, die aus robustem Brennnesselstoff hergestellt wurde. Im Gegensatz zu Lein blieb die Brennnessel aber eine Wildpflanze: Die feinsten und längsten Fasern scheinen vor allem jene Exemplare zu liefern, die in schattigen, oft von dornigen Brombeerranken gesäumten Gräben wachsen. Die sich zügig entwickelnde überregionale Marktwirtschaft tat ihr Übriges und das Nesseltuch geriet wieder in Vergessenheit.

DUFTVEILCHEN

(Viola odorata), Veilchengewächse *(Violaceae)*

Rundliche, dunkelgrüne Laubblätter, die niedrig bleibende Rosetten bilden – eine unauffällige und leicht zu übersehende Pflanze. Sobald sie ihre unverwechselbaren, häufig violetten Blüten trägt, ist sie zweifelsfrei als Veilchen zu erkennen. In Wien gedeihen Veilchen häufig im strauchigen Halbschatten städtischer Parks oder an lichten Stellen in Au und Wald. Manche Arten wachsen auch an stärker versiegelten Stellen, etwa an Hausfassaden oder Mauerfüßen. Ein Hinweis auf eine geschickte Verbreitungstechnik, die *Myrmekochorie* genannt wird. Manche Pflanzenarten statten ihre Samen mit einem sogenannten *Elaiosom* oder *Ölkörperchen* aus und machen diese so für Ameisen sehr attraktiv. Auf dem Weg in den Bau trennen die kleinen Tiere dieses nährstoffreiche Anhängsel geschickt vom eigentlichen Samen, der im Dunkeln abgelegt ein ideales Keimbett vorfindet.

Laien unterscheiden bei den optisch sehr ähnlichen Veilchenarten oft lediglich die duftenden von den nicht duftenden. Botanisch werden sie aber in viele verschiedene Arten unterteilt. In Österreich gibt es fünf duftende und knapp zwanzig nicht duftende Spezies – neben Hunds-Veilchen sind etwa auch Wiesen-, Wald- oder Hain-Veilchen in Wien vertreten. Durch seinen legendären Wohlgeruch tut sich das Duftveilchen *(Viola odorata)* hervor. Die Inhaltsstoffe der Pflanze wirken als pflegende, erweichende Zutat in Ölen oder Salben, etwa zur Narbenbehandlung. Lila schimmert der duftende Sirup, hergestellt aus den vom Kelch gezupften Blütenblättern. Er hat beruhigende und hustenlösende Eigenschaften. Die Blüten können auch in Essig eingelegt werden. Der farblich schöne Veilchenessig aromatisiert Frühlingssalate und ergibt mit Wasser verdünnt ein wirksames Mittel gegen Kopf- und Halsschmerzen.

Duftveilchen *(Viola odorata)*

Da und dort liegt noch etwas Schnee, aber neben Primeln und zwischen dem Laub des Vorjahres blühen die ersten Veilchen und werden von lachenden Kindern gepflückt. Nicht nur auf Waldmüllers *Vorfrühling im Wienerwald* von 1861 spielt das Veilchen eine Rolle. Bis ins 20. Jahrhundert hinein gab es immer wieder Phasen großer Begeisterung für die kleine Blume. Seine bald nach den letzten, farblosen Wintertagen erscheinenden Blüten machten sie frühzeitig zum Symbol für Hoffnung und Liebe. Sexuell konnotierte Assoziationen – auch Sigmund Freud deutete Veilchenträume in diese Richtung – wichen im Christentum weitgehend und ließen es zum Sinnbild für Demut und Bescheidenheit werden. Vielleicht mit Blick auf den hartnäckigen Ausbreitungsdrang der im Verborgenen blühenden Pflanze erklärten aber auch Persönlichkeiten, die nach weltumfassender Macht strebten, das Veilchen zu ihrer Blume: Napoleon machte sie zum Emblem der Bonapartisten, und als er nach Elba verbannt wurde, hielt er unter dem Decknamen *Corporal Violette* Kontakt mit seinen Anhänger*innen. Im 19. Jahrhundert waren Veilchen nicht nur in Paris, sondern auch in Wien und anderen Metropolen omnipräsent. Es entstanden spezialisierte Gärtnereien, die sich ganz der Kultur von Veilchen widmeten – Blumenmädchen, die sie zu Sträußen gebunden anboten, waren fester Bestandteil des Stadtbilds. Veilchen zierten Porzellan, Tapeten sowie Textilien, und Veilchenpar-

---

Die Gattung *Viola* umfasst weltweit rund 500 Arten. Dazu zählen auch die Stiefmütterchen, die mit ihren zahlreichen plakativ bunten Gartenzüchtungen zum traditionellen Frühlingsschmuck der Wiener Rabatte gehören.

Die klassisch saisonal wechselnden Pflanzungen, bei denen sie eine große Rolle spielen, werden aber zusehends von dauerhaften, ökologisch wertvollen und weniger pflegeintensiven Mischpflanzungen abgelöst.

Ferdinand Georg Waldmüller:
Vorfrühling im Wienerwald. 1861, Belvedere

füm hüllte Stadtbewohner*innen in betörende Duftwolken, beduftete frisch gewaschene Wäsche oder floral bedruckte Postkarten. Meist wurde Veilchenduft allerdings nicht aus *Viola odorata,* sondern aus den Wurzeln der Dalmatinischen oder der Florentiner Schwertlilie gewonnen. Aus diesen wird auch die sogenannte *Veilchenwurzel* hergestellt, die aufgrund ihrer schmerzstillenden Eigenschaften noch heute als Zahnungshilfe empfohlen wird.

Veilchenduft nehmen übrigens nicht alle Menschen als floral wahr. Manche haben auch säuerliche, seifige Assoziationen. Es bedarf einer bestimmten Genvariante, um ihn als angenehm zu empfinden. Aufgrund ihres Duftes war die Frühlingsblume in der gehobenen Küche einst jedenfalls sehr beliebt. Auch

Kaiserin Elisabeth sagt man eine besondere Neigung für *Viola odorata* nach. Um schlank zu bleiben, soll eine ihrer Diäten aus täglich nur zwei Orangen und Veilchensorbet bestanden haben.

1979 kamen bei Bauarbeiten in der Tuchlauben Nr. 19 profane Wandmalereien aus dem Mittelalter ans Tageslicht. Unter anderem stellen sie Erzählungen dar, die auf das Werk des Dichters Neidhart von Reuenthal zurückgehen. Der Fundort ist heute als kleine Dependance des Wien Museums öffentlich zugänglich. Die Malereien zeigen Feste, Tanz und Liebe – genauso aber die Ressentiments zwischen den sozialen Schichten zu einer Zeit, in der sich die Gesellschaft neu zu ordnen begann. Dem sogenannten *Veilchenschwank* kommt dabei eine Schlüsselrolle zu: Der Hauptprotagonist Ritter Neidhart entdeckt das erste blühende Frühlingsveilchen und verbirgt es unter einem Hut, um es der Erzherzogin von Österreich zu zeigen. Tatsächlich begab sich um 1200 der Wiener Hof unter Leopold VI. jährlich in die Donauauen, um das erste Veilchen zu begrüßen und anschließend ein Fest zu feiern. So reist auch im Schwank die Erzherzogin samt Gefolge an, um den Frühlingsboten willkommen zu heißen. Zwischenzeitlich aber haben feindlich gesinnte Bauern das Veilchen gepflückt und an seiner Stelle Exkremente hinterlassen. Die Herzogin ist empört, Neidhart gedemütigt, und die Geschichte nimmt für die Bauern ein unschönes Ende. Im Zuge der Verdauung gehen die Duftstoffe des Veilchens übrigens nicht verloren – vielleicht war auch das ein Grund dafür, dass es bei der gesellschaftlichen Elite einst derart gefragt war.

GEWÖHNLICHE GELBFLECHTE

(Xanthoria parietina), Teloschistaceae

Wenn im Vorfrühling der wolkenverhangene Stadthimmel taubengrau erscheint, leuchtet schwefelgelb *Xanthoria parietina* von kahlen Ästen und Baumstämmen. Das farbkräftige, in Wien weit verbreitete Gewächs und seine zahlreichen Verwandten begeistern mit ihrer faszinierenden Lebensweise und großer optischer Vielfalt. Höhere Pflanzen sind in die drei Grundorgane Wurzel, Stamm und Blatt gegliedert. Nicht so die Flechten. Ihre vielzelligen Körper heißen *Lager* oder *Thallus*. Typisch für *Xanthoria parietina* sind die etwas heller gefärbten Ränder der meist runzeligen, blättrigen Strukturen. Das in der Gewöhnlichen Gelbflechte enthaltene Pigment Parietin schützt diese vor UV-Strahlung und wurde früher zum Färben verwendet.

Manche Flechtenarten wachsen gerne auf Gestein, andere bevorzugen eher anthropogene Standorte – neben Betonflächen und Grabsteinen auch altehrwürdige Stein- oder Ziegelmauern. So wird auch der Stephansdom von zahlreichen Flechten bewohnt. Die dort ansässigen Arten geben ihre Sporen an den Wind weiter. Manche Flechten setzen hingegen auf vegetative Vermehrung durch kleine Bruchstücke. Treffen diese auf passende Oberflächen, entwickeln sie sich innerhalb einiger Jahre oder Jahrzehnte zu vermehrungsfähigen Individuen. Ihr bedächtiges Wachstum weist auf eine lange Lebenszeit hin. Manche Flechtenarten können mehrere hundert oder sogar tausende Jahre alt werden und so bei der Datierung baulicher Strukturen helfen.

Die Gewöhnliche Gelbflechte findet sich an Mauern, besonders häufig aber auf der Rinde freistehender Bäume und Sträucher. Für die Pflanzen ist das kein Nachteil, da Flechten sehr genügsam sind und nicht parasitisch leben. Benötigte Nähr-

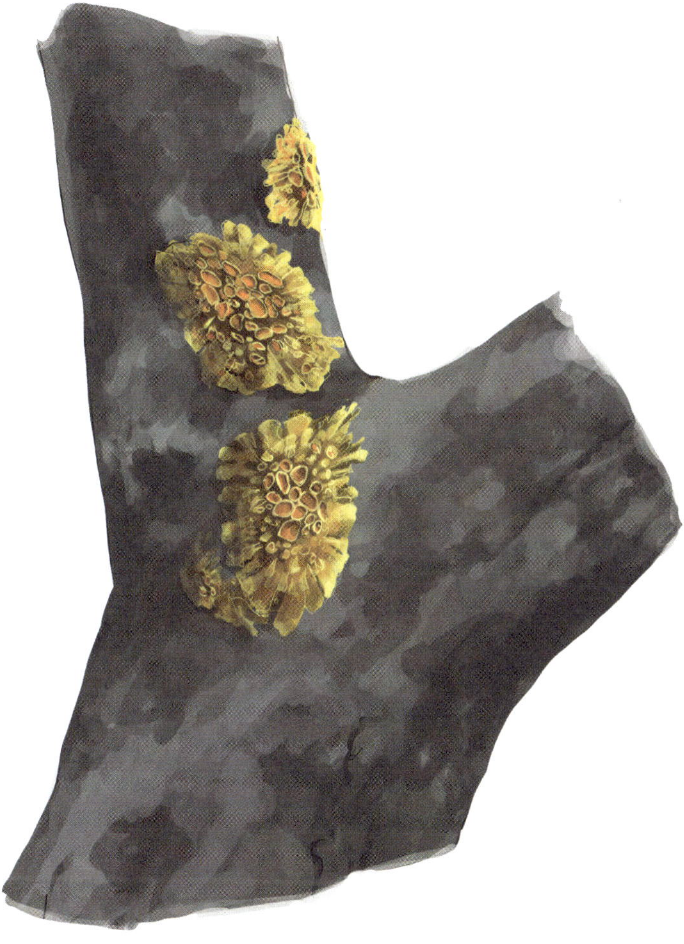

Gewöhnliche Gelbflechte *(Xanthoria parietina)*

stoffe beziehen sie aus dem Staub in der Luft. Die Flechten, das *Pöbelvolk im Pflanzenreich,* wie Naturforscher Carl von Linné sie wenig wertschätzend nannte, betreiben Photosynthese, sind aber keine Pflanzen. Verschiedene Pilzarten geben ihnen ihre äußere Form, in die sie Grün- oder Blaualgen, manchmal auch beide, einlagern. Eine symbiotische Beziehung, von der beide Seiten profitieren: Die Algen produzieren Zucker für den Pilz. Dieser macht im Gegenzug mit seinen Hyphen Nährstoffe sowie Wasser leichter verfügbar und stellt seine schützende Morphologie zur Verfügung. Trockenheit, Hitze, aber auch Kälte sind gemeinsam leichter auszuhalten. Selbst den lebensfeindlichen Bedingungen im Weltraum lässt sich so begegnen – Flechten, die im trockenen Zustand mehr als zwei Wochen im All verbrachten, blieben vollkommen intakt. Der Wasserhaushalt der Gewächse steht in direktem Zusammenhang mit der Feuchtigkeit der unmittelbaren Umgebung. Bei Trockenheit treten sie in einen Ruhezustand, wachsen dann nicht weiter und betreiben auch keine Photosynthese. Bei Regen, Nebel oder ausreichend feuchter Luft werden sie innerhalb weniger Minuten wieder aktiv.

In den vergangenen Jahren erkannte die Wissenschaft auch, dass noch eine dritte Organismengruppe an der Symbiose beteiligt ist: Bakterien bilden einen Biofilm auf der Oberfläche der Flechten. Auch dieser dürfte in den Nährstoffzyklus eingebunden sein. Stichwort Ernährung: Die Raupen zahlreicher Schmetterlingsarten leben unter anderem von der Gewöhnlichen Gelbflechte, etwa das Elfenbein-Flechtenbärchen oder der Rosarote Flechtenbär, wobei diese in Au- und Moorwäldern ihren angestammten Lebensraum haben und nicht im urbanen Umfeld.

Bodenversiegelung, wärmere Temperaturen, aber vor allem Veränderungen der Luftzusammensetzung erlauben es heute in Wien nur noch wenigen toleranten Arten, sich großflächig aus-

Aufhorchen lassen die medizinischen Eigenschaften von *Xanthoria parietina*. Der aus der Flechte gewonnene Extrakt zeigte bei Laboruntersuchungen gute antivirale Ergebnisse. In der Vergangenheit wurde die Gewöhnliche Gelbflechte anstelle von Chinarinde gegen Malaria eingesetzt.

Bei Islandmoos, das Reizhusten lindert, handelt es sich übrigens auch um eine Flechtenart. Apropos Moos: Flechten tragen wesentlich zur Verwitterung von blankem Fels oder Mauerwerk bei und ermöglichen so die Ansiedlung von Moosen, die auf die Besiedelung von Stein spezialisiert sind.

---

zubreiten. Die Gewöhnliche Gelbflechte, eine typische Stadtbewohnerin, ist eine von ihnen – stickstoffreiche Verkehrsabgase fördern ihr Gedeihen. Seit den 1990er-Jahren kommt sie in Wien in Massen vor, andere Arten haben das Nachsehen. Bevor Fahrzeuge mit Katalysatoren ausgestattet wurden, wirkte sich Schwefeldioxid nachteilig auf viele Spezies aus, sodass sich in Städten großflächig Flechtenwüsten bildeten. Wie Untersuchungen Anfang der 1950er-Jahre zeigten, war auch Wiens Innenstadt zu einer solchen geworden. Der saure Regen in den 1980ern tat ein Übriges. Verhältnismäßig dicht und vielfältig von sensiblen Flechtenarten bewohnt war und ist auch heute noch der vom Wienerwald geprägte Westen der Stadt. Friedhöfe, Gärten und Parks bieten auch in anderen Stadtteilen Nischen für sie.

Da Flechten derart fein reagieren, können sie ähnlich wie Moose als Indikatoren für die Güte der Luft dienen. An den Pappeln am Donaukanal zwischen Schottenring und Schwedenbrücke lässt sich seit einiger Zeit wieder vermehrt die unauffällig grau gefärbte *Hyperphyscia adglutinata* finden, vermutlich aufgrund der verbesserten Luftqualität und des milden Klimas der letzten Jahre. Spannend ist der Schritt in eine weiter zurückliegende Vergangenheit und der Vergleich mit historischen Daten: 1853 gab es an der Türkenschanze noch ein besonders reiches Flechtenvorkommen: *Psora decipiens,* braunrot oder rosarot geschuppt mit weißlichem Rand, die rußschwarze *Blennothallia crispa* oder *Cladonia rangiformis,* die Falsche Rentierflechte, mit geweihartigen, grün gesprenkelten Strukturen. Heute gelten diese und viele weitere Arten in Wien als weitgehend ausgestorben – vielleicht lässt eine weitere Verbesserung der Luftqualität ja auch diese eines Tages wieder in die Stadt zurückkehren.

OBST
UND GEMÜSE

ANANAS

(Ananas comosus), Bromeliengewächse *(Bromeliaceae)*

Aus der Mitte der krautigen Pflanze steigt ein Stiel empor. Dieser trägt eine einzelne, mit einem Blattschopf gekrönte Frucht – die Ananas ist wohl eines der optisch auffälligsten Obstgewächse. Archäobotanische Funde verraten, dass *Ananas comosus* schon vor mehr als 3500 Jahren in Südamerika kultiviert wurde. Die Ureinwohner nutzten sie als vitamin- und mineralstoffreiches Nahrungs- und Heilmittel, stellten aus dem Saft Wein her und verwendeten die reißfesten Pflanzenfasern als Bogensehnen. 1493 brachte Christoph Kolumbus die Tropenfrucht nach Europa und löste ein wahres *Ananasfieber* aus. Sie wurde zum Sinnbild für die Elite – ohne eine Ananas blieb eine herrschaftliche Tafel unvollständig. Viele der importierten Früchte verfaulten während der langen Schiffstransporte. Teils im Ganzen kandiert, überstanden sie schließlich die Atlantikpassage. Vor allem in England erlag man dem exotischen Reiz der Ananas. Hier konnte das hochpreisige Luxusgut von weniger Begüterten für die Zurschaustellung an der Tafel oder für einen Spaziergang gemietet werden. Adel, Klerus und das wohlhabende Bürgertum wetteiferten bei Anzuchtversuchen. Innerhalb Europas wurden die ersten Früchte vermutlich Ende des 17. Jahrhunderts erfolgreich gezogen. Ein Jahrhundert später erschien in Wien die deutsche Übersetzung eines Buches, das auf über achtzig Seiten detailgenau die Ananaskultur schildert:

„Da die Pflanzen, welche diese vortrefliche Frucht hervorbringen, zarte Fremdlinge sind [...] können sie ohne die Hilfe eines Treibhauses in unsern Ländern nicht vollkommen gedeihen und Früchte tragen; wo sie aber in Lohebeeten zu allen Jahreszeiten reifen, da müssen die Pflanzen beständig in Töpfen stehen, fleißig bespri-

Ananas *(Ananas comosus)*

zet werden, und die Wurzeln zu allen Zeiten des Jahres aus dem Boden Wärme erhalten.“[1]

Der historische Text beschreibt, dass getopfte Ananaspflanzen unter Glas häufig in Kastenbetten platziert wurden, die mit Gerberlohe – Baumrinde und Blätter, die in der Lederverarbeitung zum Einsatz kamen – gefüllt wurden. Diese erzeugte die essen-

[1] Abercrombie, 1792.

Wie schon Abercrombies historische Kulturanleitung vermittelt, lassen sich im mitteleuropäischen Klima ohne temperiertes Gewächshaus keine reifen Ananasfrüchte ernten. Doch aus einer Ananas kann mit etwas gärtnerischem Geschick attraktives Zimmergrün gezogen werden. Dazu das obere Viertel einer reifen Ananas mit vitalem Blattschopf abschneiden und das Fruchtfleisch rund um den Strunk entfernen. Den Schopf ins Wasser setzen, an einen hellen, warmen Ort stellen und regelmäßig das Wasser wechseln. Nach etwa einer Woche, wenn sich Wurzeln zeigen, wird die Ananas gepflanzt.

---

zielle Wärme. Zusätzlich beheizte man die Gewächshäuser. Nach Wien kamen Ananaspflanzen erstmals vermutlich im Gepäck von Adrian van Steckhoven. Der aus Holland stammende Gärtner soll sie gemeinsam mit der Banane 1753 nach Schönbrunn gebracht haben. Das hier errichtete *Pisanghaus*, in dem Bananen gezogen wurden, baute man Anfang des 19. Jahrhunderts in ein Pomeranzenhaus um, da die kaiserliche Familie der gelben, krummen Frucht geschmacklich wenig abgewinnen konnte. Die Ananas kam hingegen gut an, und so wurden auch im Augarten und Belvedere Gewächshäuser für sie gebaut.

Noch im 19. Jahrhundert war die Ananas ein rares und kostspieliges Gut, bis sie mit dem Aufkommen der Industrialisierung für den Massenkonsum freigegeben wurde – mit weitreichenden sozialen und ökologischen Folgen für die Anbaugebiete. Die Begeisterung für die Tropenfrucht in der gehobenen Gesellschaft Europas hielt mehrere hundert Jahre an. Bevor es mit ihrem Ansehen auch in Wien abwärts ging, findet sich im 1894 erschienenen Appetitlexikon noch folgender schwelgerischer Eintrag über sie: *„Ananas, die Königin der Früchte, von der nicht mit Unrecht behauptet wird, sie vereine die Süße des Honigs mit dem Geschmack der Erdbeere, dem Duft des Weins, dem Aroma der Pfirsich und der Saftigkeit der Melone [...] Ananasschnitten* *roh mit Zucker zu einem Glas Rothwein oder Ananasbowle mit Champagner sind eine kleine Todsünde werth.*"[2]

Die im Zitat erwähnte Erdbeere führt abschließend noch zu folgender Frage: Weshalb werden Erdbeeren in Wien manchmal als Ananas bezeichnet? Die Erklärung dazu: Mitte des 18. Jahrhunderts kam in Europa eine Erdbeere auf, die durch Zufall aus zwei amerikanischen Erdbeerarten hervorgegangen war. Form und Geschmack unterschieden sie deutlich von der in Europa heimischen Walderdbeere und erinnerten entfernt an *Ananas comosus*, weshalb sie Ananas-Erdbeere genannt wurde – auf ihr beruht die heutige Vielfalt an Gartenerdbeersorten.

[2] Habs und Rosner, 1894.

Brasilien, das Herkunftsland der Ananas, wurde 1817 die neue Heimat einer jungen Wienerin: Maria Leopoldine von Österreich zog in diesem Jahr als Kronprinzessin in Rio de Janeiro ein. Die spätere Kaiserin Brasiliens war naturwissenschaftlich sehr interessiert, brachte österreichische Forscher ins Land und veranlasste mehrere Expeditionen. Um ihre Verdienste im Bereich der Botanik zu ehren, wurde die Palmengattung *Leopoldinia* nach ihr benannt. 1846 – zwanzig Jahre nach dem tragischen Tod der Kaiserin – trat eine weitere Wienerin die Reise nach Brasilien an: Während ihrer fünf großen Expeditionen, die sie in die ganze Welt führten, erkundete Ida Pfeifer Gebiete, die vor ihr niemand aus Europa zu Gesicht bekommen hatte. Ihre Reiseberichte waren sehr beliebt und wurden in verschiedene Sprachen übersetzt. Aus heutiger Sicht dokumentieren sie nicht nur eine faszinierende Persönlichkeit, sondern sind auch für die Forschung von Interesse. Ida Pfeiffer finanzierte sich mit ihren Publikationen und dem Verkauf tausender Sammelobjekte – Mineralien, zoologisches und botanisches Material – ihren Lebensunterhalt und ihre Reisen. Viele davon befinden sich heute im Naturhistorischen Museum Wien.

KOHL

(Brassica oleracea convar. *capitata* var. *sabauda),* Kreuzblütler *(Brassicaceae)*

Ein samstäglicher Einkauf am Ottakringer Brunnenmarkt in Wien: Gedanken an individuelle Wohlfühldistanz und Bewegungsfreiheit gibt man der Entspannung halber am besten gleich auf und lässt sich stattdessen vom gemächlichen Menschenstrom an den Marktständen vorbeischieben. Zahlreiche Händler bieten Streetfood an, vor allem orientalische Köstlichkeiten. Lammspieße brutzeln über dem Feuer, Fladenbrote werden versiert durch die Luft gewirbelt – über allem liegt ein köstlich rauchiger Duft.

Hat man genug vom Markttreiben, lohnt sich ein Abstecher in die Weyprechtgasse 12/1: Saly und Ulrich Wolfger begannen hier vor zehn Jahren, ihre fermentierten Köstlichkeiten herzustellen. Ein Verlangen nach authentischem Kimchi, das damals in Wien noch rar war, motivierte sie zur Gründung von *blvb/blub*. Bei Kimchi allein blieb es nicht – ihr Sortiment umfasst heute Miso, Marmelade, Chutney, Pesto, Senf und mehr. In drei dicken Büchern haben sie die Etiketten all der Fermente gesammelt, die sie in den letzten zehn Jahren fabriziert haben: Spargel, Radieschen und Rote Rübe finden ebenso Eingang in ihre Kreationen wie Fenchelblüte, Vogelmiere oder Brennnesselblatt. Mittlerweile gibt es in Wien eine richtiggehende Fermentationsszene.

Was heute in kleinen Gläsern abgefüllt ein Luxusgut ist, wurzelt in einer absoluten Notwendigkeit: Wollte man im mittelalterlichen Wien gut durch den Winter kommen, galt es, zeitgerecht Vorräte anzulegen. Die Milchsäuregärung ermöglichte dabei, die Haltbarkeit von Gemüse wesentlich zu verlängern und die Versorgung mit essenziellen Vitaminen zu sichern. Wieder zurück auf dem Markt, erinnert das an einigen Ständen ange-

Kohl *(Brassica oleracea* convar. *capitata* var. *sabauda)* ‚Wiener Winter'

‚Wiener Kapuziner', eine Kohlsorte mit feingekraustem, zartem Blatt und spitzem, an die Kapuze eines Mönchs erinnernden Kopf, galt lange Zeit als verschollen. Josef Becker-Dillingen nannte ihn 1929 in seinem Gemüse-Lehrbuch noch als bekannte Wiener Marktsorte, bevor er in den folgenden Jahrzehnten in Vergessenheit geriet. Alte, in Genbanken entdeckte Samenmuster des Kapuziner-Kohls bieten nun die Möglichkeit des Vergleichs mit ähnlichen, gegenwärtig erhältlichen Sorten wie ‚Walla' der Firma Austrosaat oder ‚Wiener Winter' des Vereins Arche Noah.

Bei Ashraf am Stand 64 finden sich Klassiker der Levante: neben Falafel mit Hummus etwa auch *Mutabbal,* ein Mus aus gegrillten Melanzani, oder *Foul Mudammas,* ein traditionelles Gericht, dem verschiedene Gewürze, Zitronensaft, Joghurt und Olivenöl, gehackte Petersilie und Paradeiser Geschmack verleihen. Die Basiszutat sind gegarte Kichererbsen und Favabohnen, auch als Pferde-, Sau- oder Ackerbohnen bekannt. Als einzige Bohnenart wurde sie schon vor der Kolonisation Amerikas in Europa kultiviert und blickt auf eine lange Nutzungsgeschichte zurück: Archäologische Funde in Hallstätter Salzbergwerken belegen ihren Verzehr bereits in der Eisenzeit. Das heutige *Kärntner Ritschert* dürfte auf diesen Eintopf zurückgehen, der neben Ackerbohnen auch Gerste, Hirse, Schweinefleisch und Bärlauch enthielt.

botene Sauerkraut daran. Bei manchen Gemüsehändler*innen gibt es auch *Sarmakraut,* eine Spezialität vom Balkan, für die ganze Krautköpfe milchsauer vergoren werden. Reis oder faschiertes Fleisch lassen sich gut in die zart gewordenen Blätter einwickeln. Aber auch fein geschnitten als Salat begeistern sie mit ihrer leicht prickelnden Säure. Nur mehr wenigen ist das *Grubenkraut* bekannt, das auf ähnliche Weise zubereitet wird und heute eine österreichische Slow-Food-Spezialität ist. In unverarbeiteter Form werden Krautköpfe ausnahmslos an jedem Gemüsestand des Marktes angeboten: weiße und rote, riesenhafte flache, aber auch handliche runde oder spitze Sorten. Als geschmackvolle und vielseitige Zutat sind sie in der klassischen Wiener Küche unentbehrlich. Zu Krautfleckerl veredelt, fand das Kohlgemüse in Friedrich Torbergs *Tante Jolesch* Eingang:

„[...] jene köstliche, aus kleingeschnittenen Teigbändern und kleingehacktem Kraut zurechtgebackene „Mehlspeis", die je nachdem zum Süßlichen oder Pikanten hin nuanciert werden konnte: in der

ungarischen Reichshälfte bestreute man sie mit Staubzucker, in der österreichischen mit Pfeffer und Salz.“[3]

Gleich neben den Krautköpfen findet sich an den Marktständen die nahe Verwandtschaft: Intuitive Selektion und Züchtung führten im Laufe der Jahrhunderte dazu, dass sich aus der Wildpflanze *Brassica oleracea* unterschiedlichste Varietäten entwickelten. Dabei kam bestimmten Teilen der Pflanze besondere Aufmerksamkeit zu. So verspeist man beim Sprossenkohl die rundlichen Blattknospen, die sich an der Sprossachse der Pflanze bilden, und beim Karfiol oder Brokkoli die dicht stehenden, texturreichen Blütenstände. Bei Kraut und Wirsing – in Wien Kohl oder Köch genannt – werden die Blätter des gestauchten Sprosses gegessen. Auch Kohlrabi und Grünkohl gehören zur umfangreichen Gemeinschaft. Bis heute ist nicht ganz klar, wo die Wildform ursprünglich in Kultur genommen wurde. Da sie sehr stickstoffliebend ist, könnte *Brassica oleracea* schon sehr früh die Nähe des Menschen gesucht haben, um den nährstoffreichen Boden ihrer Ansiedlungen für sich zu erobern. Kopfkohl und -kraut dürften allerdings erst parallel zur Entwicklung der Städte entstanden sein, als transportfähiges, kompaktes Gemüse für die Belieferung der Märkte gefragt war. Die heute handelsüblichen, lagerfähigen Krautsorten, die sich durch sehr feste, runde Köpfe auszeichnen, kamen vermehrt erst in der Nachkriegszeit auf. Davor war lockerköpfiges, feinblättriges Kraut üblich, das meist schon im späteren Herbst eingeschnitten und zu Sauerkraut verarbeitet wurde. Wie eng die Existenz des Kulturgemüses mit dem Menschen verbunden ist, wird deutlich, wenn man die Samengewinnung beim Kraut betrachtet: Um der Pflanze die Bildung des Blütenstandes zu erleichtern, wird der Kopf mit seinen unzähligen Blattlagen vorsichtig eingeschnitten.

[3] Torberg, 1975.

PAPRIKA

(Capsicum annuum), Nachtschattengewächse *(Solanaceae)*

Selbst wenn der in vielen Wiener Kochbuch-Klassikern gerne verwendete Terminus *paprizieren* die Vermutung aufkommen lässt, dass Paprika seit eh und je zur kulinarischen Grundausstattung Wiens gehört, ist bekannt, dass das Gulasch ungarischen Ursprungs ist. Wie kam nun aber das unerlässliche Gewürz in das Traditionsgericht? Die Reise beginnt im tropischen Mittel- und Südamerika, wo rund fünfundzwanzig *Capsicum*-Arten beheimatet sind. Viele Formen bilden durch das enthaltene *Capsaicin* sehr scharfe Früchte, die rote Farbe macht sie für Vögel besonders attraktiv. Die Tiere nehmen Schärfe nicht wahr, verspeisen sie und sorgen für die Verbreitung der Samen. Menschen verfügen über entsprechende Rezeptoren, ließen sich aber schon vor tausenden Jahren auf das Spiel mit der Schärfe ein – vielleicht auch, weil die brennende Geschmacksempfindung Endorphine im Körper freisetzt. Indigene Völker beernteten die *Capsicum*-Pflanzen zunächst wild und nahmen sie schließlich in Kultur. Die Schoten – botanisch korrekt eigentlich Beeren – machen Speisen nicht nur leichter verdaulich, sondern auch länger haltbar. Chili im Essen regt den Kreislauf an, stimuliert das Immunsystem und kann als Einreibemittel Schmerzen lindern. Darüber hinaus enthalten die Früchte viel Vitamin C.

In Europa verlieh Schwarzer Pfeffer den Speisen noch im ausgehenden Mittelalter eine würzige Schärfe, war aber ein durchaus kostspieliges Vergnügen. Die Vorliebe der europäischen Eliten für exotische Gewürze war mitunter ein Auslöser für die Reise gegen Westen, die Christoph Kolumbus unternahm, um den Seeweg nach Indien und auf die Gewürzinseln zu finden. Auf Haiti kostet er den völlig anders aussehenden,

Gemüsepaprika *(Capsicum annuum)* ‚Wiener Calvill'

aber ähnlich scharf schmeckenden *Capsicum*-Pfeffer. Ausgehend von der Iberischen Halbinsel gelangte das Nachtschattengewächs in andere Teile Europas, nach Afrika und nach Asien. In Ungarn wurden die getrockneten und gemahlenen Früchte zum Nationalgewürz.

Zwar entwickelte sich der Gemüsebau in Wien bereits im Laufe des 16. Jahrhunderts zu einem bedeutenden Erwerbszweig, allerdings waren die Wiener*innen gegenüber kulinarischen Neuzugängen aus anderen Erdteilen skeptisch. Erst im 19. Jahrhundert gelang *Capsicum* in Wien der Durchbruch. Bulgarische Saisonarbeiter*innen erkannten das Potenzial des milden Klimas und der fruchtbaren Auwaldschwemmböden am Rande der Stadt. Manche ließen sich nieder und brachten damals für Wien neue Gemüsearten und -sorten mit. Der mild schmeckende Gemüsepaprika – durch züchterische Bearbei-

Chili und Paprika lieben sommerliche Hitze und fühlen sich bei ausreichend Licht und Wasser auch auf Balkon und Dachterrasse wohl. Manche gedeihen selbst in kleineren Gefäßen, die auf der Fensterbank Platz finden. Viele Sorten zählen zur Art *Capsicum annuum.* Obwohl das Artepitheton *annuum* auf einjährige Pflanzen schließen lässt, können viele von ihnen durchaus älter werden. In ihrer tropischen Heimat wachsen sie über die Jahre zu teils großen Sträuchern heran. Wer ihnen einen hellen und frostfreien, aber nicht zu warmen Platz, zum Überwintern anbieten kann, etwa im Stiegenhaus, hat mit etwas Glück im folgenden Jahr eine große Pflanze, die schon zeitig im Frühjahr die ersten Büten ansetzt.

Chili und Paprika sind vorwiegend Selbstbefruchter. Wenn also in unmittelbarer Nähe keine anderen Sorten wachsen, lässt sich mit großer Wahrscheinlichkeit sortenreines Saatgut ernten. Dazu werden die Samen aus den reifen Früchten entnommen und in ein mit Wasser gefülltes Glas gestreut: Die keimfähigen Samen sinken zu Boden, die tauben schwimmen. Das Saatgut vor dem Einlagern gut trocknen.

tung capsaicinfrei – war ihre Spezialität und wurde zu einer bedeutenden Kultur im Gartenbau. Nach und nach entstanden regionale Sorten wie der ‚Wiener Calvill', mit wachsgelben bis roten Früchten, die sich sehr gut zum Füllen und Einlegen eignen. Klein und spitz, länglich, rund, walzen- oder glockenförmig – die heutige Sortenvielfalt bei Chili und Paprika ist kaum zu überblicken. Umso erstaunlicher ist es, wie kurz das Gemüse hier erst genutzt wird. Anderen Importen vom amerikanischen Kontinent erging es ähnlich. Heute sind Paradeiser, Erdapfel, Mais oder Gartenbohne aus unserer Küche nicht mehr wegzudenken. Und die Gurke? Auch wenn der Großteil der in Österreich geernteten Salatgurken in Wien gedeiht, wird die ursprüngliche Heimat von *Cucumis sativus* in Indien vermutet. Hier schließt sich der Kreis, denn Wiener Rahmgurkensalat wird gerne mit einer Prise edelsüßem Paprika verfeinert.

EDELKASTANIE

(Castanea sativa), Buchengewächse *(Fagaceae)*

Besonders im Herbst ist der Pötzleinsdorfer Schlosspark ein fantastischer Ort für ausgedehnte Spaziergänge. Schmale, mit Steinen ausgelegte Pfade führen über Mähwiesen und schließlich steil ansteigend durch bewaldetes Gelände in den südlichen Teil des Parks. Die tiefstehende Sonne schickt ihre Strahlen über die Kuppe des Schafbergs und bringt das Laub der Bäume zum Leuchten. Im Park soll es mehrere Edelkastanien *(Castanea sativa)* gegeben haben, denen gemeinsam mit Mammutbäumen, Sumpfzypressen und anderen Baumarten von der Stadt Wien bereits in den 1930er-Jahren Naturdenkmalstatus zugesprochen wurde. Obwohl nur noch eine der Edelkastanien steht, ist noch immer eine ganze Ecke des Parks nach ihnen benannt: Die *Maroniwiese*, eine kleine Lichtung nahe dem Eingang beim Schafbergtor, darf als Rückzugsort für Wild nicht betreten werden. Eine nähere Betrachtung ist hier also nicht möglich. Das Sichten der langen Liste an Wiener Naturdenkmälern führt schließlich in den 23. Bezirk. An den Wald grenzend, unweit der architektonisch spannenden Wotrubakirche, findet man ein surreal anmutendes Gelände vor. Ende der 1960er-Jahre wurde an der Adresse Maurer Langegasse 136 eine großflächige Wohnanlage errichtet: Mehrgeschoßige Häuser umrahmen eine hügelige, von einem schmalen Wasserlauf durchzogene Wiesenlandschaft. Rohrkolben, Weide und Sumpfschachtelhalm säumen das Gewässer, über das da und dort kleine Holzbrücken führen. Es gibt naturnahe Gebüsche mit Hartriegel, Haselnuss und Weißdorn, dazwischen immer wieder ausladende Eichen oder Nadelgehölze und auch die gesuchten Edelkastanien. Ihre dicke, graue Borke ist von tiefen Längsrissen durchzogen und die imposanten Äste der vier Bäume reichen teils bis an die Dächer der Häuser heran. Bereits beim Bau der Anlage hatten sie ein stolzes Alter. Wann genau sie gepflanzt wurden, lässt sich nicht eindeutig sagen. 1955 wurden sie jedenfalls gemeinsam mit je einer Elsbeere und Traubeneiche unter Schutz gestellt und mussten daher beim Bauvorhaben mit eingeplant werden.

Im Herbst liegen unter den Edelkastanien unzählige Früchte. Manche sind noch von den stacheligen Hüllen umgeben. Gegenüber Zuchtformen, die auf große, wohlgeformte Früchte abzielen, sind diese hier klein, teils winzig. Sie gelten botanisch als Nussfrüchte, sind essbar und allseits als Maroni bekannt. In der kalten Jahreszeit erfreuen sie sich auf den Straßen Wiens großer Beliebtheit. Während heute die Maronibrater überwiegend männlich sind, waren es im barocken Wien hauptsächlich Frauen, die die schmackhaften Kastanien auf transportablen Eisenöfen für Passant*innen rösteten. Vermutlich wurden sie Mitte des 18. Jahrhunderts, als Kaiserin Maria Theresia ein entsprechendes Dekret erließ, prägend für das Stadtbild. Ab dem 19. Jahrhundert übten dann mehrheitlich Männer das Gewerbe aus. In der Wiener Literatur wird teils Bezug auf den Maronibrater genommen, so etwa auch in Joseph Roths Roman *Die Kapuzinergruft*:

„Dieser Herr hat seine Kastanien überall verkauft, in der halben europäischen Welt, kann man sagen. Überall, wo immer man seine gebratenen Maroni gegessen hat, war Österreich, regierte Franz Joseph. Jetzt gibt's keine Maroni mehr ohne Visum. Welch eine Welt!“[4]

Der Raum Wien bot zwar günstige klimatische Bedingungen für die Edelkastanie, aber keine passenden Bodenverhältnisse, denn sie mag es kalkarm. Eingestreut findet man sie heute

[4] Roth, 2003 [Erstausgabe 1938].

Edelkastanie *(Castanea sativa)*

zwar auch stellenweise im Wienerwald, die in der Stadt feilgebotenen Maroni werden aber schon seit jeher überwiegend importiert. Einkaufsland Nummer eins scheint Italien zu sein, zugleich eines der europäischen Hauptanbaugebiete. *Castanea sativa* stammt vermutlich aus dem Südwesten Asiens und wurde spätestens im 7. Jahrhundert v. u. Z. in Kultur genommen. Die Römer brachten die Edelkastanie in von ihnen eroberte Gebiete. Bedeutende Bestände gibt es heute etwa in Frankreich, Spanien, Albanien oder in der Schweiz, wo sich an der Grenze zu Italien der *Brentan*, der größte Kastanienwald Europas, ausdehnt. Sogar bis nach Deutschland, Irland und Großbritannien hat es die Baumart geschafft. Innerhalb Österreichs ist sie im Burgenland und der Steiermark vertreten. Der weltweit größte Produzent ist derzeit China, allerdings wird dort eine andere Art – *Castanea mollissima* – kultiviert.

Mit ihrem stark verzweigten Wurzelsystem fühlen sich Edelkastanien auch in steilen Hanglagen wohl. Für die Bevölkerung vieler karger süd- und mitteleuropäischer Bergregionen hatte die stärkereiche Frucht daher lange den Status eines Hauptnahrungsmittels. Im ausgehenden Mittelalter verschwand sie zunehmend von höfischen Tafeln, da sie als *Brot der Armen* galt. Zum Strecken des Getreidemehls wurden in Notzeiten außer gemahlenen Erbsen und Bohnen auch die Früchte des Waldes – neben Maroni auch Eicheln, teils sogar gemahlene Baumrinde – verwendet. Mit der beginnenden Industrialisierung und sich verändernden Ernährungsgewohnheiten im 19. Jahrhundert verschwanden viele Kastanienwälder. Etwas mehr als ein Jahrhundert später fielen vor allem im Süden Europas massenhaft Bäume dem ursprünglich aus Asien stammenden Kastanienrindenkrebs zum Opfer. *Castanea sativa* ist zwar wärmeliebend, ausgeprägte Sommertrockenheit bekommt ihr aber nicht gut. Ausbleibende Regenfälle führten in den letzten Jahren in vielen Anbaugebieten zu verminderten Ernten. Ein kleines, ursprünglich im Süden Chinas beheimatetes Insekt, die Kastaniengallwespe, setzt ihr darüber hinaus stark zu. Der Rückgang in der Produktion lässt den Preis des begehrten Snacks zusehends in die Höhe schnellen.

Die sogenannte *Oliosuppe* scheint über den spanischen Zweig der Habsburger in die Stadt gelangt zu sein und war eine Spezialität der Wiener Hofküche, die vor allem auf Bällen kredenzt wurde. Neben Gemüse und jeder Menge Fleisch – Rind, Kalb, Wild, Ente, Gans, Taube und Huhn – waren Edelkastanien eine wesentliche Zutat. Die Einlage zu essen galt als wenig vor-

Obwohl der Trivialname es nahelegt und die Früchte eine gewisse Ähnlichkeit aufweisen, sind die ursprünglich vom Balkan stammenden Rosskastanien nicht näher mit *Castanea sativa* verwandt. Rosskastanien sind für Menschen ungenießbar, die enthaltenen Saponine machen sie aber auf andere Weise sehr nützlich: Frisch gesammelte Kastanien samt Schale in kleine Stücke schneiden und zum Trocknen auflegen. Nach Bedarf eine kleine Menge davon zusammen mit Wasser in ein Schraubglas füllen, schütteln und einige Stunden ziehen lassen. Abgeseiht ergibt der schäumende Auszug ein ergiebiges Flüssigwaschmittel.

Leider macht auch den Rosskastanien, vor allem der Weißen, ein kleines Insekt zu schaffen. Von der Kastanienminiermotte stark befallene Bäume haben schon im Sommer braun geflecktes Laub. Darüber hinaus wirken sich Trockenheit, Hitze und städtische Emissionen nachteilig auf die Gesundheit der beliebten Stadtbäume aus. Als eine klimaangepasste Alternative, die noch dazu schmackhafte Früchte hervorbringt, bietet sich die Baumhasel an. Zwei sehr schöne ältere Exemplare wachsen im Resselpark, gegenüber dem Eingang der Technischen Universität, aber auch Jungpflanzungen lassen sich mittlerweile vielerorts in der Stadt entdecken.

nehm. Während sich die Dienerschaft am Gekochten erfreute, trank der Adel aus Porzellantassen die pure Essenz. Noch heute ist die Edelkastanie in der süßen Wiener Küche sehr präsent und der schokoladenüberzogene Maronispitz ein Klassiker in vielen Kaffeehäusern, ebenso Maronireis: Gekochte Kastanien, Staubzucker, Vanille und etwas Rum werden durch die Erdäpfelpresse gedrückt und mit geschlagenem Obers serviert. Maroni sind reich an Vitaminen sowie Mineralstoffen und enthalten Tryptophan, eine Aminosäure, die im menschlichen Körper für die Serotoninherstellung benötigt wird. Maronigenuss kann mitunter also auch Glücksgefühle hervorrufen.

POMERANZE

(Citrus x aurantium), Rautengewächse *(Rutaceae)*

Der Besucherstrom bahnt sich gemächlich seinen Weg durch die Orangerie in Schönbrunn. Die *Zitrustage* füllen das historische Überwinterungshaus im Frühling bis an den Rand mit Liebhaber*innen der sauren Exoten. Sie sind gekommen, um zu schauen, zu kosten und zu kaufen. Zumindest für viele botanisch interessierte Menschen sind imperiale Barockbauten untrennbar mit dem Begriff der Orangerie verbunden. Nach jenem in Versailles ist das Schönbrunner Überwinterungshaus das zweitgrößte Europas. Orangerien mit reich verzierten Fassaden wurden in herrschaftlichen Gärten meist an repräsentativen Orten positioniert. Häufig nur an der Südseite mit Fenstern versehen, boten sie schon vor den großen technischen Errungenschaften neuerer Zeit gute Licht- und Temperaturverhältnisse für wärmeliebende Pflanzen. Den Sommer verbrachten diese auf Parterres im Freien.

Im historischen Kontext bezeichnet der Begriff Orangerie nicht nur das Überwinterungshaus, sondern auch den Sommerstellplatz und die Pflanzen selbst. Diese drei Elemente wurden als zusammengehörend verstanden. Mit der angestrebten Einheit wollte es in Schönbrunn nicht so recht klappen. Der Platz für die ursprünglich vorgesehene Sommeraufstellung direkt vor der Orangerie war einfach zu windig. Seit rund zwanzig Jahren wird ein Teil der kostbaren Gewächse deshalb im benachbarten, von hohen Hecken geschützten Kronprinzengarten gezeigt. Schloss Schönbrunn hat eine lange Zitrustradition. Seit 1647 sind die exotischen Gewächse hier nachweisbar. Kultiviert wurden sie in Wien allerdings schon im 16. Jahrhundert.

Die rundlichen Früchte der Pomeranze *(Citrus* x *aurantium)* ähneln jenen der süßen Orange, die aus der Kreuzung der glei-

Pomeranze *(Citrus x aurantium)*

Erdmutter Gaia schenkte Hera und Zeus zur Hochzeit einen Baum mit goldenen Äpfeln, der daraufhin von den Hesperidentöchtern umsorgt wurde. Das wundersame gleichzeitige Blühen und Fruchten der immergrünen Gehölze machen Zitrusgewächse zur idealen Besetzung für den mythischen Baum. Die Sage vom Raub der Goldenen Äpfel durch Herakles wurde im Zeitalter des Absolutismus aufgegriffen, der antike Held zur Identifikationsfigur barocker Regenten. Während noch im 16. Jahrhundert vordergründig Sammelleidenschaft und botanisches Interesse zum Entstehen repräsentativer Zitruskollektionen führten, wurden diese im Barock zu einem Machtsymbol der Herrschenden.

chen Elternarten – Pampelmuse und Mandarine – hervorgegangen ist. Der Begriff Pomeranze wurde bis ins 20. Jahrhundert hinein teils für beide Arten verwendet, was in historischen Quellen eine klare Zuordnung erschwert. Die Schale der an beiden Enden leicht abgeflachten Pomeranze ist dicker und unebener als die ihrer süßen Schwester, leuchtet aber ebenso kräftig orange. Aranzini werden durch das Kandieren der Schale hergestellt und sind eine beliebte weihnachtliche Backzutat. Das Fruchtfleisch der Pomeranze schmeckt säuerlichbitter und ergibt gemeinsam mit der Schale gekocht eine aromatische Marmelade. Pomeranzensaft war in der Vergangenheit ein beliebter Weinzusatz, von dem angenommen wurde, dass er die alkoholische Wirkung vermindert – da sauberes Trinkwasser in Wien bis in die frühe Neuzeit ein rares Gut war, wurde zum Löschen des Durstes gerne auf Wein, Met, Most oder Bier zurückgegriffen. Zitrusfrüchte sind reich an wertvollen Inhaltsstoffen. Ihr häufig als besonders hoch angepriesener Vitamin-C-Gehalt liegt tatsächlich aber nur im mittleren Bereich. So haben etwa frische Petersilie oder das auch in Wien an Böschungen wild wachsende Scharbockskraut deutlich mehr davon zu bieten. Die cremefarbenen Blüten der Pomeranze, süß und schwer duftend, haben eine beruhigende, schlaffördernde Wirkung. Als Tee zubereitet, regen sie darüber hinaus den Appetit an. Das aus ihnen gewonnene Neroliöl ist in der Parfümherstellung ein begehrter Rohstoff.

Die Kultur von Zitrusgewächsen ist seit etwa 4000 Jahren belegt. Vordergründig werden heute Mittelmeerländer mit dem Anbau der Früchte in Verbindung gebracht. Ihr Ursprung liegt allerdings im asiatischen Raum. Die dicke Schale der Zitrusfrüchte machte sie zu einer transportfähigen Handelsware, die schon früh aus dem Süden Europas in Gebiete nördlich der Alpen importiert wurde. Der Wunsch, auch die schönen Pflanzen um sich zu haben, war groß, und so entstanden am Wiener

Johann Christian Brand und Johann Ernst Mansfeld: Limonienkrämerin. 1775, Wien Museum

Hof und in den Häusern gut Situierter schon vor der barocken Blütezeit der Orangerien ambitionierte Sammlungen. Winterlicher Frost stellte aber eine große Herausforderung dar. Das Einwickeln in Strohmatten oder die Überwinterung in Kellergewölben kam den Bedürfnissen der Gewächse wenig entgegen. Schließlich pflanzte man sie im Garten und schützte sie ab dem Herbst mit einfachen beheizten Holzkonstruktionen. Diese simplen Bauten wurden im Barock von den permanenten Orangerien abgelöst. Neben Zitrusgewächsen fanden auch andere wärmebedürftige Arten wie Granatapfel, Oleander, Lorbeer oder Olive Platz in den prachtvollen Gebäuden. Die Farben und der Duft der Pflanzen erzeugten die Illusion des Frühlings und machten die Gewächshäuser in den kalten Wintermonaten zu beliebten Orten für stimmungsaufhellende Spaziergänge. Auch Feste und Konzerte wurden dort abgehalten.

Die einzige winterharte Zitruspflanze in Wiener Breiten ist die Dreiblättrige Orange. Sie ist weniger kälteempfindlich, da sie ihre Blätter vor Winterbeginn abwirft. Eindrucksvolle Exemplare finden sich etwa in den Botanischen Gärten in Schönbrunn und am Rennweg, wo ihre Blüten im April einen feinen Mandelduft verströmen. Die wie kleine Zitronen wirkenden Früchte leuchten im Herbst verführerisch an den stachelbewährten Zweigen, sind jedoch derart bitter, dass sie als ungenießbar gelten. Aufgrund ihres Geschmacks wird die Art auch als Bitterorange bezeichnet, ist aber mit der Pomeranze nicht näher verwandt.

Ab dem 18. Jahrhundert wurden Zitrusfrüchte auch für die Durchschnittsbevölkerung Wiens zunehmend erschwinglicher: *Limonadenhütten* boten entsprechende Getränke an und Händler*innen verkauften auf den Straßen ihre exotische Ware. Zugleich führten Expeditionen in tropische Länder zu einem veränderten Interesse bei Pflanzensammler*innen. Neu entdeckte Arten ließen Zitrusgewächse in den Hintergrund treten. In Orangerien wurden Trennwände eingezogen, um für die neu eingetroffenen Exoten passende klimatische Bedingungen zu erzeugen.

Technische Neuentwicklungen ermöglichten letztendlich den Bau von Glashäusern. Vielerorts entstanden nun beeindruckende Palmenhäuser, zur Unterbringung tropischer Paradiese. Trotz schwindenden Interesses pflegten Gärtner*innen die Zitrusbestände häufig weiter. So auch in Schönbrunn: Die beeindruckende Sammlung von internationalem Ruf beinhaltet noch heute einige fast 200 Jahre alte Pomeranzenbäume.

FEIGE

(Ficus carica), Maulbeergewächse *(Moraceae)*

Etwa eine Million Tonnen Feigen *(Ficus carica)* werden weltweit jedes Jahr geerntet. Die empfindlichen Früchte sind rasch verderblich und gelangen deshalb großteils getrocknet auf den Markt. In Notzeiten waren getrocknete Feigen ein gefragter Kaffee-Ersatz. Frische Feigen, die heute im städtischen Handel erhältlich sind, stammen überwiegend aus dem Mittelmeerraum. Die langen Transportwege bedingen eine verfrühte Ernte, sehr zum Nachteil des Geschmacks. Glücklicherweise befindet sich in Simmering eine kleine Gärtnerei – neben Gemüse und Kräutern wird auch die süße Frucht in überraschend großer Sortenvielfalt kultiviert und gibt dem *Feigenhof* seinen Namen. Am Rande der Stadt gewachsen, können die Feigen genussreif geerntet werden. Einmal gekostet, wird klar, weshalb die Wiener Feige vielen kulinarisch Begeisterten bereits ein Begriff ist. Dabei war die Idee, sich auf Feigen zu spezialisieren, ganz pragmatischer Natur: Sie brauchen mildes Klima und im Winter relativ trockenen Boden. Anstatt mit großem Energieaufwand und hochpreisigen technischen Neuerungen auf dem Markt für intensiv produziertes Gemüse wettbewerbsfähig zu bleiben, wurden die alten, unbeheizten Glashäuser auf dem Hof für die Feigenkultur umfunktioniert. Mittlerweile haben zahlreiche Sorten ihre Frostfestigkeit bewiesen. So wurde auch im Freiland großzügig ausgepflanzt, wo die Bäume in Mischkultur mit Gemüse wachsen. Genussreif geerntet, werden die Feigen großteils ab Hof verkauft, sind aber auch in der regionalen Spitzengastronomie sehr begehrt.

Die Feige ist eine sehr alte Kulturpflanze, wodurch eine große Vielfalt entstanden ist. Wer sich einen eigenen Feigenbaum für Garten, Balkon oder Terrasse wünscht, kann aus dem derzeit rund fünfzig Sorten umfassenden Sortiment des Fei-

Feige *(Ficus carica)*

genhofes wählen. An einem geschützten Standort, möglichst mit Südausrichtung, ist nach zwei bis drei Jahren die erste eigene Ernte zu erwarten. Die exotisch anmutende Frucht ist in Wien allerdings kein so junges Phänomen, wie zunächst vielleicht angenommen: Der Feigenhof bietet einen guten Blick auf Schloss Neugebäude, dessen Ursprünge auf das 16. Jahrhundert zurückgehen. Nicolaus de Seiniß, einer französischen Gärtnerfamilie entstammend, war bis an sein Lebensende dort tätig. Außer Birnen, Kirschen und Pfirsichen kultivierte er auch ungewöhnliche Delikatessen – bei Hof fanden neben seinen Artischocken und Kardonen vor allem selbst gezogene Feigen Anklang. Vielleicht waren es damals Sorten wie ‚Angélique' oder ‚Grosse-Blanche', die sich bereits in Frankreich bewährt hatten. Manche der Sorten, die heute am Feigenhof angeboten werden, sind aber auch echte Wiener*innen: ‚Alter Gersthofer', mit sehr großen, in der Reife gelb gefärbten Früchten, oder die strauchförmig wachsende Auslese ‚Pötzleinsdorfer Perle' mit rötlich brauner Haut – sie alle kommen sehr gut mit den heimischen Wintern zurecht. Die Waldviertler Baumschule Artner hat die

---

„Ohne Dich, Liebste, was wären die Feste?
Ohne Dich, Süße, was wäre der Tanz?“[5]

Dieser Eintrag findet sich unter dem Stichwort *Feige* in einem Büchlein, das Anfang des 20. Jahrhunderts in Wien erschienen ist. Die Zeilen beziehen sich dabei nicht direkt auf die Frucht – der Titel liefert die Erklärung: *Neueste Blumensprache, oder die Kunst mit Hilfe der Blumen und deren Bedeutung einer anderen Person jede gewünschte Mitteilung zu machen.* Im damaligen Wien war es mit seinen strengen gesellschaftlichen Konventionen selten möglich, Gefühle direkt anzusprechen. Die ab Anfang des 19. Jahrhunderts erscheinenden *Blumensprachbücher* waren willkommene Hilfsmittel: Beim Besuch überreichte oder gesendete, aber auch in Briefen erwähnte Pflanzen halfen dabei, Zuneigung auszudrücken, sich zu verabreden oder eine Liaison wieder zu beenden. Neben klassischen Schnittblumenarten waren teils auch Wildpflanzen angeführt, etwa die Karthäusernelke – *Prüfe meine Liebe; sie wird von Dauer sein* – aber auch Obst oder Gemüse. Die Botschaft der Gartenbohne etwa lautete: *Unvorhergesehene Hindernisse machen es mir unmöglich, Dich zu sehen.* Anfangs wurden einzelne Pflanzen überreicht, später auch Arrangements, um Details auszudrücken. Nicht nur die Pflanzenarten, auch Blütenfarbe, Alter oder Anzahl ließen sich manchmal einer bestimmten Mitteilung zuordnen.

---

[5] Hegenauer, 1900.

Sorte ‚Franz-Joseph' in ihrem Katalog. Benannt ist sie nach dem Fundort der Mutterpflanze, dem Franz-Josefs-Kai, wo sie zwischen Pflastersteinen wuchs. Die birnenförmigen Feigen reifen grünbraun und haben ein herrlich süßes, hellrotes Fruchtfleisch. In der Stadt finden sich immer wieder wild aufgekommene Feigenbäume. Ein besonders schöner, mit mehreren Metern Kronendurchmesser, lässt sich am rechten Ufer des Donaukanals kurz vor der Verbindungsbrücke entdecken. Waren Feigenpflanzen vor wenigen Jahrzehnten noch ein eher seltener Anblick, scheinen sie sich in Wien durch das wärmer werdende Klima immer wohler zu fühlen.

Nicht nur die Früchte des Feigenbaums, auch seine Blätter lassen sich kulinarisch raffiniert verwenden. Durch Wärme wird ihr ungewöhnliches, an Kokos erinnerndes Aroma frei. Getrocknet können die Blätter als bekömmlicher, mild abführender Tee getrunken werden. Für Feigenblattsirup Zucker und Wasser zu gleichen Teilen vermengen, auf dem Ofen erwärmen und den Zucker unter Rühren auflösen. Frische Feigenblätter hinzufügen und für mehrere Stunden in der leicht simmernden Flüssigkeit ziehen lassen. Kühl gelagert lässt sich die duftende Essenz das ganze Jahr hindurch fantasievoll in der Küche verwenden: in Dressings, Saucen sowie Getränken oder über Schlagobers und Eis geträufelt. Gegrillt schmecken Fleisch oder Fisch in Speck und zwei Lagen Feigenblätter gewickelt einfach unbeschreiblich gut.

Vermutlich wegen ihrer delikaten Süße, aber auch wegen ihrer Form – im Ganzen an Hoden, halbiert an die Vulva erinnernd – wurde die Feige schon früh zum Symbol für Fruchtbarkeit und Sexualität. Erotisch konnotiert fand sie auch Eingang in den Wiener Sprachgebrauch: *Mit der Feig'n hausieren* war ein derb anmutender Ausdruck für Prostitution. Der Begriff *Feigentandler* lässt zunächst an einen Zuhälter denken, bezeichnete aber anscheinend einen besonders begehrten Mann.

GARTENSALAT

(Lactuca sativa), Korbblütler *(Asteraceae)*

Mit dem Bau des Verschiebebahnhofs Breitenlee im heutigen 22. Bezirk hatte man sich im Ersten Weltkrieg ein ambitioniertes Großprojekt vorgenommen, das bereits im Verlauf der Wirtschaftskrise der 1920er-Jahre wieder eingestellt wurde. Das Gelände entwickelte sich in der Folge zu einem bedeutenden Naturbiotop am Stadtrand. Rund neunzig Hektar groß, beherbergt es Trockenrasen, Gehölzgruppen sowie naturnahe Teiche und bietet so unzähligen seltenen Arten Lebensraum. Aber auch anpassungsfähige *Allerweltspflanzen,* die an vielen Ecken Wiens gedeihen, finden sich hier. Im Mai blühen unter anderem verschiedene Kreuzblütler – in leuchtendem Gelb etwa die Wiener Rauke, die der heimischen Wildbienenfauna wertvolle Nahrung bietet. Genauso häufig anzutreffen ist der Schmalblättrige Doppelsame, den die meisten wohl unter seiner Handelsbezeichnung Rucola kennen. Sein intensiv-würziger Geschmack brachte ihm auch die Bezeichnung *Schweinebratenkraut* ein.

Ebenso zur Familie der Kreuzblütler zählt Meerrettich, der in Wien besser als Kren bekannt ist. Seine senfölhaltige Wurzel treibt in geriebenem Zustand als vegetarische Ergänzung des Angebots bei Würstelstand und Heurigen mitunter Tränen in die Augen.

Ursprünglich in Österreich nicht heimisch, gilt die Pflanze mittlerweile als alteingebürgert und verwildert gerne aus Kultur. Ein weiterer Kreuzblütler mit Bezug zur Stadt, der ebenfalls mit pikanter Schärfe aufwartet, ist der Rettich ‚Wiener Runder Kohlschwarzer'. Die Sortenbezeichnung verrät bereits die ungewöhnliche Färbung seiner Haut.

Später im Jahr, aber ebenso kräftig gelb blühend, fällt in Wien vielerorts der Kompasslattich ins Auge. Der Korbblütler etabliert sich mit seiner tiefreichenden Wurzel mitunter auch an sehr kargen Standorten. Gerne besiedelt er Schutthalden oder Straßenränder und kann dabei über einen Meter hoch werden. Dem in *Lactuca serriola* enthaltenen Milchsaft wurde bereits in der Antike eine entspannende und schlaffördernde Wirkung zugeschrieben. Die Forschung jüngerer Vergangenheit sieht in ihm auch eine alternative Quelle für die Gewinnung von Naturkautschuk. Namensgebend sind die entlang der verzweigten Sprossachse wechselständig angeordneten Laubblätter des Kompasslattichs. Mit ihrem dornig gezähnten Blattrand und der stachelbewährten Mittelrippe lassen sie zunächst nicht vermuten, dass es sich bei dieser Wildpflanze um die Urform unseres heutigen Gartensalats *(Lactuca sativa)* handelt. Vermutlich waren gemeinsam mit *Lactuca serriola* noch weitere Lattich-Arten an der Entstehung des heutigen Sortenreichtums beteiligt.

Im Vergleich zu vielen anderen Gemüsearten wurde Salat in Wien verhältnismäßig früh kultiviert. Klöster dürften im Mittelalter eine wichtige Rolle bei dessen Etablierung gespielt haben. Der Kopfsalat scheint überhaupt erst in den Klostergärten nördlich der Alpen entstanden zu sein. Die beruhigenden, mitunter den Sexualtrieb dämpfenden Qualitäten, die auch die wilde Stammpflanze auszeichnen, erklären mitunter, weshalb Gartensalat für den Klerus eine derart bedeutende Kultur war. Aber auch beim Volk erfreute sich Salat bald zunehmender Beliebtheit. Im Laufe der Jahrhunderte ließ das wachsende Wien die Nachfrage immer größer werden. Zur Regierungszeit Maria Theresias musste großflächig Auwald zugunsten des Erwerbsgartenbaues weichen – die leichten, sandigen Böden in Gewässernähe boten sich optimal für die Kultur von Gemüse an. Eine spezielle Methode der Treiberei ermöglichte es, besonders früh

Gartensalat *(Lactuca sativa)* ‚Wiener Maidivi'

Salate lassen sich leicht ziehen und gedeihen, sofern man die richtigen Sorten wählt, in Ermangelung eines hochbeettauglichen Balkons auch in flachen Fensterkisten. Besonders zu empfehlen sind Pflück- und Schnittsalatmischungen sowie der Anbau bei kühlen Temperaturen im zeitigen Frühjahr oder Herbst. Viele Salatsorten gehen bei sommerlicher Hitze nämlich rasch in Blüte und verlieren an Zartheit und feinem Geschmack.

im Jahr Frischgemüse zu ernten: Mit Glas abgedeckte Mistbeete sorgten für warme Temperaturen – Radieschen, Karotten und Salat ließen sich so schon im März ernten.

Besonders beliebt waren auf Wiens Märkten grüne Butterkopfsalate, auch als Häuptelsalat bezeichnet. Die lokale Gärtnersorte ‚Wiener Gräften' eignete sich hervorragend für den Anbau in den Mistbeeten: Sie bildete üppig Blattmasse, war aber gleichzeitig kompakt und fand so Platz in den niedrigen Kästen. Wegen seiner hervorragenden Schossfestigkeit bestimmte im Sommer Bummerlsalat, auch Krach- oder Eissalat genannt, das Sortiment. Kochsalat, andernorts auch als Binde- oder Römersalat bekannt, bildet keinen Kopf. Seine langen, aufrecht stehenden Blätter sind besonders knackig.

Typische Wiener Sorten, von denen leider nur wenige bis heute erhalten blieben, tragen sympathische Namen wie ‚Bunkerlschluss' oder ‚Wiener Erbsenscharl'. Klassisch zubereiteter Wiener Kochsalat – weich gedünstet in einer sämigen Sauce, die auf Herstellung einer Einbrenn beruht – wurde vor allem in den Sommermonaten statt Spinat serviert. Eine Alternative zu traditionellen Rezepturen: Frische Kochsalatherzen der Länge nach halbieren, in Butter anbraten, mit Salz und Pfeffer würzen und im Backrohr für wenige Minuten bissfest garen. Vor dem Servieren mit etwas Zitronensaft beträufeln und mit frischen Kräutern wie Petersilie oder Estragon bestreuen.

APFEL

(Malus domestica), Rosengewächse *(Rosaceae)*

Bei einem Besuch des Wien Museums am Karlsplatz bleibt der Blick vermutlich an einem raumeinnehmenden Gemälde des Malers Alois Friedrich Schönn hängen. Der *Obstmarkt auf dem Schanzel*, seinerzeit Wiens bedeutendste Adresse für den Einkauf von Obst, befand sich am rechten Donaukanalufer vor dem heutigen Ringturm.

Es ist eine lebendige Szenerie, die der Künstler auf die Leinwand zauberte: Das Laub an den Bäumen ist herbstlich gefärbt – es ist die Zeit, in der viele Früchte zur Reife gelangen, und entsprechend vielfältig ist das Angebot. Blau leuchten Zwetschken und Weintrauben aus Körben, da und dort lassen sich Birnen oder Quitten ausmachen, großteils scheinen es aber unterschiedliche Apfelsorten zu sein, die angeboten werden. Ein rotbackiger Apfel ist es auch, nach dem sich ein Kind am Rande

Alois Friedrich Schönn: Der Obstmarkt auf dem Schanzel, 1895, Wien Museum

Apfel *(Malus domestica)* ‚Kronprinz Rudolf'

des quirligen Geschehens bückt – ein Detail, das die Bedeutsamkeit dieser Obstart zu verdeutlichen scheint.

Doch wie kam die große Vielfalt an Apfelsorten, die sich auf dem Gemälde erahnen lässt, zustande? Um eine Antwort auf diese Frage zu finden, reisen wir gedanklich 4000 Jahre in die Vergangenheit: *Malus sylvestris*, der Europäische Wildapfel, war im Wiener Raum der Jungsteinzeit ein begehrtes Sammelgut. Getrocknet lieferten die Früchte während des Winters essenzielle Vitamine. Auf dem Gebiet des heutigen Oberlaa fiel die Hälfte eines solchen Wildapfels vermutlich beim Trocknen auf der Darre ins Feuer und wurde deshalb in einer Abfallgrube entsorgt, in der sie vor einigen Jahren von der Wiener Archäobotanikerin Marianne Kohler-Schneider und ihrem Team im Zuge einer Grabung entdeckt wurde. *Malus sylvestris* hat allerdings weit weniger mit dem heutigen Kulturapfel *(Malus domestica)* zu tun, als man zunächst vielleicht annimmt. Tatsächlich geht dieser nämlich auf den Asiatischen Wildapfel zurück. Dieser bildete im Tien-Shan-Gebirge richtiggehende Wälder. Noch heute ist er besonders zahlreich in der Gegend rund um die Stadt Almaty in Kasachstan.

Dem Weg der Seidenstraße folgend, dürfte die Kulturform des Apfels auch nach Westen gelangt sein, wobei es dabei immer wieder zu Kreuzungen und Rückkreuzungen mit lokalen Wildapfelarten kam und der Artenreichtum entsprechend wuchs. Nicht nur der Kulturapfel selbst, auch das Wissen rund um seine Kultivierung musste erst seinen Weg nach Wien finden. Wie auch bei zahlreichen anderen Kulturpflanzen waren es die Römer, die den Anbau des Apfels in Regionen nördlich der Alpen ansiedelten. Ihr Wissen stammte von den Griechen. Diese hatten wiederum in Kolonien am Kaukasus und in Persien entsprechende Fertigkeiten kennengelernt. Hand in Hand mit der Inkulturnahme und Verbreitung entspannten sich zahlreiche Mythen rund um die Frucht, die durch die Zeit gereicht wurden. So begegnet uns der Apfel mit variierender Symbolik in religiösen Schriften und in den klassischen Sagen des Altertums ebenso wie im Märchen.

Zu einer besonderen Blüte gelangte die Pomologie in Wien Anfang des 19. Jahrhunderts, als der Botaniker und Naturforscher Franz Josef Märter in der Nähe von Schönbrunn einen Obstgarten anlegte, der hunderte Sorten beherbergte. Einige Jahrzehnte später hielten, angetrieben vom Motor der Industrialisierung, intensivere Anbaumethoden Einzug im Obstbau: Viele Streuobstwiesen verschwanden und die einstige Apfelvielfalt begann zugunsten einiger weniger marktgängiger Sorten – transportfähig und von guter Haltbarkeit – zu schwinden. ‚Kronprinz Rudolf', eine historische, aus der Steiermark stammende Sorte, mit meist kräftig rot gefärbter Sonnenseite, zeichnet ein saftiges, mild säuerliches Fruchtfleisch aus. Der kleine, glattschalige Apfel hatte seinen Namen zu Ehren des einstigen Thronfolgers erhalten und ist noch heute in den Obstgärten von Liebhaber*innen zu finden.

Damals wie heute hat der Apfel in der Wiener Küche naheliegenderweise vor allem bei der Zubereitung von Süßspeisen Bedeutung – als Strudelfülle, bekömmliches Kompott zum Kaiserschmarrn oder im Schlafrock: geschält und als Ganzes entkernt, mit einer Mischung aus Nüssen, Zucker und Zimt gefüllt, in Butterteig geschlagen und im Ofen gebacken. Zu Saft gepresst oder ganz puristisch als Jausenapfel ist er aber auch selbstverständlicher Teil des Alltags.

PASTINAKE

(Pastinaca sativa), Doldenblütler *(Apiaceae)*

Es ist Anfang Dezember und endlich schneit es wieder einmal – dicht und schwer fallen die Flocken und legen sich auf die Mantelschultern. Beim gut sortierten Stand am Karmelitermarkt liegt das Wintergemüse bereit: Kürbisse, Karotten und Schwarzwurzeln neben Süßkartoffeln, farbenfrohen Blattsalaten und Radicchioköpfen. In zwei Körben buttrig weißes Wurzelgemüse. Bei jenen mit nach oben gewölbtem Blattansatz handelt es sich um Petersilie. Die Pastinaken *(Pastinaca sativa)* gleich daneben erkenne man am dunklen, deutlich eingesunkenen Rand rund um die Austrittsbereiche der Blätter, erklärt die Händlerin.

Pastinake *(Pastinaca sativa)*

Während die Petersilienwurzel aus dem Mittelmeerraum stammt, ist die kultivierte Pastinake eine der wenigen Gemüsearten, deren Ursprungsform in Zentraleuropa verbreitet ist: *„Auf Wiesen, Hügeln, an Wegen, Rainen, höchst gemein“* – so beschreibt der Botaniker August Neilreich 1846 in seiner Flora von Wien das Vorkommen von *Pastinaca sativa* in der Residenzstadt. Auch heute ist das Wildgemüse an den genannten Stellen teils noch gut vertreten – an frischen Standorten, oft im Verband mit der Wilden Möhre, der Urform der Karotte. Die Pastinake hat eine kantige, fein gerillte, bis zu zwei Meter hohe Sprossachse und gefiederte Blätter. Die typischen Schirmblüten der *Apiaceae* sehen häufig sehr ähnlich aus. Im Unterschied zu vielen anderen heimischen Doldenblütlern mit weißen Infloreszenzen hat die Pastinake aber grünlich-gelbe Blüten.

Die wilde Pastinake war schon in der Jungsteinzeit ein beliebtes Sammelgut. Seit dem 16. Jahrhundert wird sie im mitteleuropäischen Raum auch als Gartengemüse geschätzt. Die Pastinake ist eine *Hackfrucht*, das verrät die Gattungsbezeichnung, die sich vermutlich von *pastinum*, dem lateinischen Ausdruck für ein historisches Hackwerkzeug, ableitet. Die Kultursorten, deren Wurzelrüben in fruchtbaren Böden ein Gewicht von mehr als drei Kilogramm erreichen können, sind deutlich süßer als jene der Wildpflanze. Aus ihnen bereiteter Sirup diente vor Nutzung von Rohrzucker und Zuckerrübe scheinbar als Süßungsmittel.

Jahrhundertelang blieb die Pastinake ein bedeutendes Grundnahrungsmittel, das die Massen sättigte und als gutes Beifutter für das Vieh galt – wobei sich rückblickend teils schwer sagen lässt, um welches Wurzelgemüse es sich in historischen Überlieferungen handelt, denn die heute üblichen orangen Karotten wurden erst im 18. Jahrhundert gezüchtet. Viele alte Karottensorten sind wie die Pastinake oder Wurzelpetersilie cremig weiß bis ockerfarben.

Längst hat es sich wieder herumgesprochen, dass bei Obst und Gemüse oft mehr als nur der offensichtlich zum Verzehr bestimmte Teil nicht nur genießbar, sondern auch besonders wohlschmeckend und reich an wertvollen Inhaltsstoffen sein kann. Die altgediente *Restlküche* vergangener Generationen wird unter den aktuellen ökologischen und wirtschaftlichen Gegebenheiten neu interpretiert: Junge Radieschenblätter wandern in den Salat, Karottengrün ersetzt Petersilie und getrocknete Apfelschalen ergeben einen beruhigenden Abendtee – aus *food waste* wird *zero waste.*

Wie veränderlich der Zugang zu einem Nahrungsmittel sein kann, zeigt sich bei der Pastinake sehr gut: Während sie bei den Römern als besondere Delikatesse galt und gar vom Rhein als Tribut für die kaiserliche Tafel angeliefert wurde, stand man ihr und auch anderen Gemüsen, deren essbare Teile unter der Erde wuchsen, im mittelalterlichen Wien häufig skeptisch gegenüber. Selbst in der Neuzeit konnte sich der Erdapfel gemeinsam mit anderen Gemüsenovitäten aus Übersee hier nur langsam durchsetzen und das, obwohl er schon mit der beginnenden Kolonisation Amerikas Einzug in Europa gehalten hatte. In den kaiserlichen Gärten angepflanzt, wurde er zunächst lediglich als Ziergewächs geschätzt. Da die oberirdischen Sprossteile des Andengewächses giftig sind, kam es anfangs kulinarisch zu durchaus unangenehmen Erlebnissen. Maria Theresia schließlich förderte den Anbau der nahrhaften und ertragreichen Erdfrucht, die sich im Gegensatz zur Pastinake durch ihre rasche Wüchsigkeit auszeichnet. Nach und nach wurde der Erdapfel fixer Bestandteil der heimischen Küche. Gemeinsam mit den neuen, zart gezüchteten Karottensorten verdrängte er zusehends die Pastinake. Die ursprünglich reiche Sortenvielfalt ging verloren, nur wenige alte Kultursorten sind heute noch erhalten. Erst als in der Küche Regionalität erneut an Bedeutung gewann, wurde sie wieder populärer. Der Geschmack der kegelförmigen Wurzelrübe ist würzig-süß, erinnert an Sellerie und Petersilie. Frisch gerieben kann sie aber durchaus geschmackliche Assoziationen mit Kokos- oder Haselnuss wecken. Während die Pastinake im Mittelalter hauptsächlich weich gekocht und zu Brei zerstoßen kredenzt wurde oder gemeinsam mit anderem Wurzelwerk in den Suppentopf wanderte, wird sie heute auch zu knusprigen Chips und Puffern oder gar cremigem Eis. Die Samen des Doldenblütlers sind ein feines Gewürz und auch Pastinakengrün schmeckt delikat, kann etwa gemeinsam mit Sonnenblumenkernen, Olivenöl, geriebener Zitronenschale, Salz und Pfeffer zu aromatischem Pesto verarbeitet werden. Ebenfalls essbar – roh oder kurz angebraten – sind junge Sprosse und Blütenstände, die *Pastinaca sativa* meist erst im zweiten Lebensjahr ausbildet.

Neben kulinarischen Qualitäten hat die Pastinake auch heilendes Potenzial. Das erkannten schon die Ärzte der Antike und empfahlen sie etwa zur Verbesserung der Verdauung. Ihr hoher Inulingehalt bringt sie auf den Speiseplan von Diabetiker*innen und viele gesunde Inhaltsstoffe bei gleichzeitig geringem Nitratgehalt machen sie zum Klassiker der Babykost.

ERBSE

(Pisum sativum), Hülsenfrüchtler *(Leguminosae)*

Selleriepflanzen und Krautköpfe sind von winzigen Eiskristallen überzogen und schimmern im morgendlichen Sonnenlicht. Es ist eine Woche vor Weihnachten und hier am Gärtnerhof GIN im 22. Bezirk bahnt sich ein kleines Filmteam von der Akademie der bildenden Künste seinen Weg um das noch vorhandene Gemüse auf dem Feld – Kamerafahrt um Kamerafahrt nähert man sich einem Glashaus, in dem die Projektion einer Erbsenpflanze *(Pisum sativum)* gezeigt wird. Der Film, der hier entsteht, soll die Verknüpfungen zwischen Kunst und Wissenschaft sichtbar machen. Er ist der Abschluss eines Projekts,

---

Botanisch richtig müsste eigentlich von *Zuckerhülsen* anstelle von Zuckerschoten gesprochen werden, denn die Erbse zählt zur Familie der *Leguminosae* – der Hülsenfrüchtler. Bevor Kunstdünger über lange Zeit erprobte Fruchtfolgen scheinbar obsolet machte, waren Erbse, Bohne und Linse tragende Elemente im Wechsel der Feldfrüchte. Hülsenfrüchte haben nämlich eine besondere Eigenschaft: Sie können eine Symbiose mit speziellen Bakterien, den sogenannten *Rhizobien,* eingehen.

Treffen diese im Erdreich etwa auf Erbsenwurzeln, wird auf chemischem Weg kommuniziert und ein Bündnis geschlossen. Die Erbse bildet Knöllchen aus, in denen die Bakterien mit Zucker aus der Photosynthese versorgt werden. Im Gegenzug dazu teilen die Rhizobien mit der Pflanze den aus der Luft gewonnenen Stickstoff. Dieser kommt auch Pflanzen in der näheren Umgebung zugute. Das erkannten schon die indigenen Kulturen Mittelamerikas, die Mais und Kürbis gemeinsam mit Bohnen zogen.

---

das sich bereits seit einigen Jahren unter ästhetischen Gesichtspunkten der Erforschung der Erbse widmet. Vordergründig ließen ihre rankenden Bewegungen die Gemüsepflanze zum Studienobjekt werden: So entstanden etwa Zeitraffervideos des Keimvorganges verschiedener Sorten und Tänzer*innen übertrugen die Ergebnisse in Performances.

Als Forschungspflanze hat *Pisum sativum* bereits eine lange Geschichte: Gregor Mendel führte im Garten des Brünner Augustinerklosters ab 1856 über zehn Jahre hindurch Kreuzungsexperimente mit ihr durch. Die Ergebnisse seiner Beobachtungen sollten ihn Jahrzehnte später zum Vater der modernen Genetik machen. Zunächst lief seine Karriere allerdings holprig an. Er studierte Theologie und Landwirtschaft in Brünn und war nach der Priesterweihe als Hilfslehrer tätig. An der Universität Wien trat er in den Fächern Physik und Naturgeschichte zur Lehramtsprüfung an, bestand aber nicht, woraufhin er sich zum Studium in der Stadt einschrieb.

Dem Scheitern eines weiteren Versuchs dürften fachliche Differenzen zwischen ihm und seinem Prüfer, dem Botaniker Eduard Fenzl, zugrunde gelegen sein. Gregor Mendel kehrte Wien den Rücken, verlor aber nie sein wissenschaftliches Interesse und begann bald darauf mit seinen Versuchen. Der Sortenreichtum der Gartenerbse mit ihren unterschiedlich gefärbten Samen und Blüten bot sich dabei für seine Arbeit, aus der die *Mendelschen Regeln* hervorgingen, an. Erst Jahre nach seinem Tod fanden sie wissenschaftliche Anerkennung. Mendel gilt als der erste Wissenschaftler, der begriff, dass Gene von beiden Eltern vererbt werden – heute eine weitgehend als selbstverständlich angesehene Tatsache, bis zum Beginn des 20. Jahrhunderts noch Fantasterei.

Als Kulturpflanze wird die Erbse schon seit etwa 10.000 Jahren genutzt. Seit ihren Anfängen im fruchtbaren Zwischenstromland von Euphrat und Tigris begleitet sie die Menschen

Erbse *(Pisum sativum)*

vor allem als sättigende Nahrungsgrundlage, mitunter aber auch als kulinarisches Luxusgut: Ludwig XIV. liebte grüne Erbsen und Zuckerschoten. Seine Vorliebe machte diese auch an anderen höfischen Tafeln Europas populär. Erbsen unreif zu ernten, war davor nicht üblich – lange Zeit galt lediglich den ausgereiften, getrockneten Samen das Interesse.

Im Wien der Vergangenheit aßen weniger wohlhabende Bevölkerungsschichten überwiegend vegetarisch. Getrocknete Erbsen waren dementsprechend ein essenzielles Grundnahrungsmittel. Essenziell im wahrsten Sinne des Wortes, ist die Hülsenfrucht doch besonders reich an der lebensnotwendigen Aminosäure Lysin – kombiniert mit methioninreichem Getreide ideal für die menschliche Ernährung.

Nicht essenziell, aber kulinarisch ausschlaggebend ist die Glutaminsäure, die für den Umami-Geschmack der Erbse verantwortlich ist. Grün geerntet ist sie heute längst eine Selbstverständlichkeit in der Küche. Ob als Püree mit Röstzwiebeln, cremige Suppe oder im Risi Bisi zum Brathuhn: Heute als traditionell angesehene Wiener Gerichte bedienen sich der Erbse weitgehend in unreifem Zustand. Autorin Eva Derndorfer erforscht in einer 2020 bei Mandelbaum erschienenen *Kleinen Gourmandise* das kulinarische Potenzial des vielseitigen Gemüses. Dem klassischen Wiener Kochsalat mit Erbsen kann sie nur wenig abgewinnen. Sie empfiehlt sie hingegen als Zutat in winterlichen Salaten mit Grapefruitfilets und schwärmt von Kombinationen mit Fichtenwipfeln und Pinienkernen.

Das im Osten an Wien grenzende Marchfeld liefert den Großteil österreichischer Tiefkühlerbsen. Wer selbst Erbsen kultivieren möchte, aber keinen eigenen Garten hat, kann sie auch auf Balkon oder Fensterbrett ziehen. Hierbei ist die Wahl besonders niedriger Sorten wichtig. Überaus lohnend kann auch der Anbau von Erbsensprossen sein, die selbst in flachen Gefäßen gut gedeihen und frisch im Salat oder kurz angebraten schmecken. Werden Erbsensprossen bei der Ernte oberhalb der Keimblätter abgeschnitten, treiben sie häufig nochmals aus. Wer gar keinen Platz im Freien hat, kann sie auch an einem hellen Ort in der Wohnung ziehen.

ZWETSCHKE

(Prunus domestica subsp. *domestica),* Rosengewächse *(Rosaceae)*

Auf den Steinhofgründen am westlichen Rand Wiens laden ab dem Spätsommer zahlreiche Obstbäume zur Ernte reifer Früchte ein – hauptsächlich verschiedene Apfel- und Birnensorten, aber auch einige Zwetschkenbäume *(Prunus domestica* subsp. *domestica).* Tiefstehende Zweige machen es möglich, die Früchte zu pflücken, bevor sie vollreif zu Boden fallen.

Die länglich-oval geformte Zwetschke mit ihrem saftig-süßen, leicht herben Fruchtfleisch ist eine Unterart der Pflaume. Charakteristisch ist die dunkelblaue Fruchthaut mit wächsernem Überzug – dieser sogenannte *Duftfilm* schützt die Früchte vor dem Austrocknen. Die Zwetschke gilt vielen als heimisches Obst. Wie schon die Geschichte des Apfels zeigt, war aber fast jede Obstart zu einem bestimmten Zeitpunkt Neuankömm-

---

Wer in Wien Obst selbst ernten möchte, wird auf der Plattform mundraub.org fündig: Auf einer digitalen Karte können Obstbäume und -sträucher, die auf öffentlichem Grund wachsen, eingetragen und gesucht werden. Unter gartenernte.at kann in der direkten Nachbarschaft nach genussreifem Obst Ausschau gehalten werden. Hier bieten Gartenbesitzer*innen Birnen, Ringlotten und Co. teils zur Selbsternte an.

---

ling im Raum Wien. Die Herkunft der Zwetschke wird im asiatischen Raum vermutet. Heute macht das sich verändernde Klima der Zwetschke und auch anderen alteingesessenen Obstarten zu schaffen. Trockenheit und Hitze setzen den Bäumen zu und tendenziell häufiger auftretende Spätfröste dezimieren Ernten oder lassen sie zur Gänze ausfallen. Heimische Obstproduzent*innen reagieren darauf und versuchen sich im Anbau neuer Exoten wie Feige, Wassermelone, Kaki oder Pawpaw. In der Wiener Küche ist die Zwetschke aber nach wie vor sehr präsent und das überwiegend in Mehlspeisen. Kommt die Sprache auf die korrekte Benennung der Frucht und der Gerichte, in denen sie eine Rolle spielt, ergeben sich immer wieder Verwirrungen und Unstimmigkeiten: Der Wiener Zwetschkenfleck ist nur dann echt, wenn die halbierten Früchte auf Germteig ausgelegt werden – alles andere gilt als Kuchen. Und auch in Torbergs *Tante Jolesch* hat die kleine blaue Frucht ihren Auftritt. Wer also der Frage nachgehen möchte, ob Zwetschkenröster nun ein Kompott ist oder nicht, kann im Kapitel *Kulinarisches Zwischenspiel* nachschlagen.

„Zwetschken sind keine Pflaumen und Powidl ist keine Marmelade. Und schon gar keine Konfitüre“, schreibt die Wiener Kochbuchautorin Gabi Weiss. Was genau ist nun aber eigentlich Powidl? Traditionell wurden für seine Herstellung reife, entkernte Zwetschken stunden-, teils auch tagelang auf dem mit Holz befeuerten Ofen eingekocht. Dazwischen war immer wieder kräftiges Rühren mit dem Kochlöffel gefragt, damit nur ja nichts anbrennt. Noch heute zeigt die Streichfähigkeit in noch heißem Zustand an, wann der Powidl fertig ist. Das zu einer dunklen, dicken und klebrigen Masse reduzierte Zwetschkenmus ist sehr lange haltbar und kommt dabei ohne die Zugabe von Zucker aus. Es findet sich als Fülle in flaumig weichen,

Zwetschke (*Prunus domestica* subsp. *domestica*)

mit Vanillesauce aufgetragenen Buchteln oder im Germknödel, der klassisch zubereitet mit zerlassener Butter übergossen und mit einer Mischung aus Mohn und Staubzucker bestreut wird. Die Herkunft dieser delikaten Rezepturen samt ihrer süßen Zwetschkenfüllung liegt wie die so vieler Wiener Gerichte im böhmischen Raum. *Des is ma Powidl* bringt im Wienerischen übrigens das mangelnde persönliche Interesse an einer Angelegenheit zum Ausdruck.

SCHWARZER HOLUNDER

(Sambucus nigra),

Moschuskrautgewächse *(Adoxaceae)*

Der Paulinensteig am waldnahen Rand Ottakrings ist von verschiedenen Wildgehölzen gesäumt. Das dunkle Gefieder einer Amsel schimmert zwischen den Blättern eines Strauchs. Aufgeregt fliegt sie davon. Da, wo sie gesessen und eben noch von den Früchten genascht hat, schwingen die bogenförmig nach unten hängenden Zweige des Schwarzen Holunders *(Sambucus nigra)*. Holunder wächst baumförmig, meist aber so wie hier als stark verzweigter Busch, der an gut mit Nährstoffen versorgten Plätzen rund zehn Meter hoch und etwa hundert Jahre alt werden kann.

Wie die Große Brennnessel ist er ein Kulturfolger und wächst wegen seiner Liebe zum Stickstoff gerne in der Nähe von Menschen. Der Schwarze Holunder ist in ganz Wien weit verbreitet, fühlt sich nicht nur in der Au, an Waldrändern oder Bachläufen wohl, sondern gedeiht auch an Zäunen und Mauern, besiedelt Schutthalden, Gärten und Friedhöfe.

Rund um die umgangssprachliche Bezeichnung von *Sambucus nigra* haben sich im Laufe der Zeit einige Verwirrungen ergeben. Ursprünglich wurde dieser nämlich nicht nur *Holler*, sondern auch *Flieder* genannt. Als Mitte des 16. Jahrhunderts der meist weiß oder lila blühende Zierstrauch *Syringa vulgaris* in Wien eingeführt wurde, erlangte er als *Türkischer Flieder* Bekanntheit. In manchen historischen Quellen ist jedoch auch vom *Türkischen Holler* die Rede, wenn das Ziergehölz gemeint ist. *Holler* bezeichnet im Wiener Sprachgebrauch übrigens nicht nur die Pflanze selbst, sondern auch *Unsinn, der gesprochen wird.*

Schwarzer Holunder *(Sambucus nigra)*

Die Hollergasse im 15. Bezirk verdankt ihren Namen dem reichen Vorkommen von *Sambucus nigra*. Hier und in vielen Teilen der Stadt liegt zwischen Mai und Juni der intensive, unverwechselbare Duft der weißen Blüten in der Luft, der sich in den Gläsern der Schanigärten wiederfinden lässt: Holunderblütensirup, mit perlendem Soda vermengt, als omnipräsentes Erfrischungsgetränk. Überwiegend stammen die dafür verwendeten Blüten allerdings nicht aus Wildsammlungen – auf mehr als 1000 Hektar wird in Österreich aktuell Holunder kultiviert, was ihn flächenmäßig gleich nach dem Apfel zum wichtigsten Obstgehölz des Landes macht.

Die breiten Schirmrispen des Holunders bestehen aus unzähligen Einzelblüten. Ihre kurzen Stiele färben sich mit zunehmender Reife rot. Verantwortlich dafür sind Anthocyane. Reife Holunderfrüchte weisen sie in derart hoher Konzentration auf, dass sie optisch schwarz erscheinen. In der Vergangenheit erhielten farbschwache Rotweine durch Zugabe von Holunder teils eine bessere Optik. Wurden die in rohem Zustand giftigen Früchte zuvor nicht erhitzt, konnte das mitunter aber schiefgehen. Der Genuss der Blüten ohne Stiele ist hingegen unbedenklich. Sie schmecken in Tropfteig getaucht und gebacken, zu Sirup, Sekt und Essig verarbeitet und verleihen Marmeladen eine florale Note. Zwischen Äpfel gelegt, sollen sie deren Haltbarkeit bis in die frühen Sommermonate hinein verlängern. Getrocknet ergeben sie einen schweißtreibenden Erkältungstee. Gemeinhin werden Holunderfrüchte gerne als Beeren bezeichnet. Aufgrund der im Fruchtfleisch eingebetteten Kerne zählen sie aber genau wie Marille oder Kirsche zu den Steinfrüchten. Äußerst vitaminreich und der Gesundheit auf vielerlei Weise zuträglich, müssen sie, wie schon erwähnt, ausreichend erhitzt werden, um unangenehme Nebenwirkungen zu vermeiden. Sie sind sehr aromatisch, enthalten aber wenig Zucker und kaum Säure, weshalb sie in Säften oder Marmeladen gerne mit anderen Obstarten gemischt werden. Ein Klassiker der Wiener Küche ist der Hollerröster zum Kaiserschmarrn, für den die vollreifen Früchte teils gemeinsam mit kleingeschnittenen Zwetschken, Gewürzen und Zucker weich gekocht werden.

Niederösterreichische Funde von Holunderkernen lassen vermuten, dass *Sambucus nigra* im Raum Wien mindestens seit der Jungsteinzeit genutzt wird: nicht nur zu Nahrungs- und Heilzwecken, sondern ebenso als Färbemittel. Die Blätter erzeugen gelb-grüne Farbtöne, die Rinde ein dunkles Grau, die Früchte rote bis violette Nuancen. Vielleicht hatte die Pflanze auch schon früh rituelle Bedeutung, denn in vielen alteuropäischen Kulturen kam dem Schwarzen Holunder eine besondere Stellung zu. Seine Dualität – giftig, aber auch nährend und heilend – brachte ihm eine Schlüsselposition an der Schnittstelle zwischen Leben und Tod ein. Im Laufe der Jahrtausende entstanden zahlreiche Sitten und Riten. Man befragte ihn als Liebesorakel, schüttete das Badewasser kleiner Kinder unter ihm aus und vergrub in seinem Schatten gezogene Zähne. Als

---

Die Blüten des Holunders künden den Beginn des Frühsommers an, die ersten reifen Früchte den nahenden Herbst – bereits Mitte des 18. Jahrhunderts schlug Carl von Linné in seinem Werk *Philosophia Botanica* vor, bestimmte Zeitpunkte der Vegetationsentwicklung wie Blüte, Fruchtreife und Laubfall verschiedener Pflanzenarten aufzuzeichnen. Rund hundert Jahre später begann sich die entsprechende Wissenschaft, die Phänologie, auch in Österreich zu entwickeln. Der Meteorologe Carl Fritsch betreute ein Beobachtungsnetz, das die gesamte Monarchie umspannte. Die historischen Aufzeichnungen aus dieser Zeit liefern noch heute wertvolle Hinweise hinsichtlich klimatischer Veränderungen und ihrer Auswirkungen auf die Natur.

Werkstoff für Möbel mied man das Gehölz und es wurde auch davon abgeraten, Kinder mit Holunderruten zu schlagen, da sie sonst aufhören würden zu wachsen. Darüber hinaus sprach man Holunder abwehrende Kräfte gegen Blitz, Donner und Dämonen zu. Keinesfalls durfte deshalb der Holunderbusch im Hof ohne Weiteres umgeschnitten werden. Die mythologische Figur der vorchristlichen Göttin Holda – mit umsorgenden, aber auch strafenden Eigenschaften – steht in enger Verbindung mit *Sambucus nigra*. Der Holunderbusch galt als Sitz dieser teils dunkelhäutig dargestellten Muttergottheit. Als Frau Holle hat sie Eingang in die Märchensammlung der Brüder Grimm gefunden und schon davor als *schwarze Madonna* ins Christentum. St. Ruprecht im ersten Bezirk, die älteste in ihrer Grundsubstanz erhaltene Kirche Wiens, beherbergt eine solche aus Ebenholz gefertigte Marienstatue im Andachtsraum. Auch heute schwingt der einstige Bedeutungsreichtum des Wildgehölzes mit, wenn Kinder *Ringel, Ringel, Reihe* singend um einen symbolischen Hollerbusch tanzen.

Ein mit Holunderfrüchten vom Paulinensteig gefüllter Korb steht mittlerweile in der Küche. Beim Abrebeln der Früchte sind die Zinken einer Gabel hilfreich. Schwarz glänzend, wie überdimensionierter Kaviar, sammelt sich der vitaminreiche Schatz im Topf. Schon nach kurzer Zeit sind die Fingerspitzen satt lila gefärbt. Kindheitserinnerungen blitzen auf: die Großmutter gemeinsam mit Nachbarinnen in der Nachmittagssonne sitzend, jede eine Schüssel auf dem Schoß. Die Frauen reden, lachen und summen Lieder, während sie die dunklen Früchte von den Stielen zupfen. Wenn der Holunder reift, geschieht etwas mit dem Sommer: Die Nächte und Flüsse werden kühler und das Himmelsblau leuchtet klarer als in den Wochen davor – selbst während der Hitze des Tages ist der Herbst schon spürbar.

ELSBEERE

(Sorbus torminalis), Rosengewächse *(Rosaceae)*

Im Gegensatz zu den meisten anderen Obstarten scheint die Elsbeere *(Sorbus torminalis)* eine Ureinwohnerin des Wiener Raums zu sein. Geologische Gemeinsamkeiten und die Nähe zu Bayern, wo ein fossiles Elsbeerblatt gefunden wurde, machen es nämlich wahrscheinlich, dass sie bereits vor mehr als neun Millionen Jahren hier verbreitet war. Nach der letzten Eiszeit konnte sie sich besonders auf halbtrockenen, warmen Südhängen wieder etablieren. Heute wächst sie verstreut, stellenweise auch häufig, sowohl im Flysch- wie auch im Kalk-Wienerwald, etwa am Cobenzl oder im Lainzer Tiergarten.

Weltweit einzigartig ist ihr Vorkommen im niederösterreichischen Wiesenwienerwald, wo rund tausend freistehende, bereits sehr alte Exemplare mit prächtigen Kronen die Kulturlandschaft bereichern. Als Solitärbaum wachsend, kann die Elsbeere bis zu 250, im Wald hingegen meist nur rund hundert Jahre alt werden. Mäuse lieben die Samen des Baums und jung wird er gerne von Wild verbissen. Außerdem wächst die Elsbeere recht langsam und ist dabei sehr wärmebedürftig. Zwischen Buchen, die schnell an Höhe gewinnen und ihr das Licht nehmen, hat sie das Nachsehen. Wird sie nicht unterstützt, verschwindet die Elsbeere häufig – das zeigt sehr plastisch, dass sich ein sensibles Nutzungsverhalten in naturnahen Landschaften durchaus positiv auf die Artenvielfalt auswirken kann. Gerne wächst *Sorbus torminalis* am Waldrand und streckt sich dabei oft gekrümmt dem Licht entgegen. Vielleicht war auch einmal die eindrucksvolle Elsbeere in der Maurer Lange Gasse im heutigen 23. Bezirk von anderen Bäumen umgeben. Auch ihr schuppiger, von Flechten und Moospolstern überzogener Stamm ist stark gewunden. Ein kleines Metallschild weist darauf hin, dass es sich bei diesem Baum um ein Naturdenkmal handelt.

Bei Waldspaziergängen im Herbst fällt die Elsbeere durch ihr intensiv gefärbtes Laub auf. Bevor es braun wird, leuchtet es gelb und dann in kräftigem Rot. Ihre gelappten Blätter – häufig werden sie mit denen der Ahorne verwechselt – können in ihrer Form von Baum zu Baum etwas variieren. Manchmal bringt die Elsbeere erst ab ihrem zwanzigsten Standjahr, teils auch später, die typischen weißen Blüten hervor. Aus diesen entwickeln sich rundliche, bis zu zwei Zentimeter große Früchte mit brauner, ledriger Oberfläche, die in der Reife teigig weich werden. Das süß-säuerliche Fruchtfleisch ist ähnlich wie bei der Birne von körniger Konsistenz und erinnert geschmacklich an Marzipan. Elsbeeren sind Vögeln oder Eichhörnchen eine willkommene Nahrung – allerdings nicht jeden Herbst, denn die Bäume legen beim Fruchten oft mehrjährige Pausen ein. Wenn es dann wieder einmal so weit ist, fallen die reifen Früchte aber nicht vom Baum.

Das macht die Ernte zeitaufwendig und gefährlich, denn manchmal werden Elsbeeren über dreißig Meter hoch. Die Früchte müssen samt Stängel gepflückt werden. Erst kurz vor der Weiterverarbeitung zu Marmelade, Mus, Kompott oder Dörrobst trennt man sie vom Stängel. Häufig wird aus ihnen auch Schnaps – der teuerste Obstbrand des Landes – hergestellt. Nordische Völker sollen die Früchte einst zu einem alkoholischen, mostartigen Getränk vergoren haben. Die Römer nutzten die Elsbeeren als Nahrungs- aber auch Heilmittel: Die gerbstoffreichen Früchte sind hilfreich bei Entzündungen im Mund- und Rachenraum sowie bei Erkrankungen des Verdauungstraktes, was dem Baum die Bezeichnung *Ruhrbirne* eingebracht hat. Die Elsbeere hat aber noch andere Namen, ist beispielsweise als *Atlasbaum* bekannt und wird in Wien teils noch heute als *Odlasbiabaam* bezeichnet. Aufgrund der Ähnlichkeit

Elsbeere *(Sorbus torminalis)*

Ähnlich wie die Elsbeere ist auch der nahe verwandte Speierling heute eine auf breiter Ebene vergessene, nicht mehr marktkonforme Obstart. Im Wien der Vergangenheit beliebt und geschätzt, ist der Speierling heute zu einer wahren Rarität geworden. Wahrscheinlich ist er sogar die seltenste Baumart des Landes – nur wenige hundert ältere Exemplare dürfte es aktuell geben. Seine Früchte sind klein, birnen- oder apfelförmig und oft mit roten Backen versehen. Sie fallen zwar vom Baum, wenn sie reif sind, aber aufgrund des hohen Gehalts an Bitterstoffen sind sie zunächst nicht genießbar. Es dauert einige Tage, bis sie gegessen werden können: braun, weich und von delikater Süße. Gerne wurden sie einst auf Wiesen oder in Weingärten gepflanzt und wuchsen Jahr um Jahr, während sich die Landschaft um sie herum veränderte, umzäunt oder bebaut wurde. Manche mussten weichen, einige von ihnen gibt es noch, meist verborgen in privaten Gärten am grünen Rand der Stadt.

des Holzes zu dem der Birne wird Elsbeerholz manchmal als *Schweizer Birnbaum* gehandelt. Es gehört zu den exquisitesten Edelhölzern. Wegen vielfältiger Anwendungsmöglichkeiten, etwa im Möbel- oder Instrumentenbau, wurden Elsbeerbestände lange Zeit stark übernutzt – ein weiterer Grund für den Seltenheitswert der Art.

BÄUME UND ANDERE GEHÖLZE

FELDAHORN

(Acer campestre),
Seifenbaumgewächse *(Sapindaceae)*

Bäume machen die Stadt nicht nur schöner und sind Lebensraum für unzählige Tierarten, sondern haben für Wien auch eine zentrale Bedeutung, wenn es darum geht, frischen Sauerstoff zu produzieren, Staub und Schadstoffe aus der Luft zu filtern sowie für Abkühlung zu sorgen. Nicht nur durch Schattenwurf, sondern auch durch die Verdunstung von Wasser über ihr Blätterdach bringen sie angenehmere Temperaturen. Die heißen Sommer häufen sich unübersehbar, deshalb ist es besonders wichtig, die derzeit mehr als 99.000 Straßenbäume vital zu halten und regelmäßig neue zu pflanzen. Derzeit sind im Stadtgebiet neben Linden und Rosskastanien vor allem verschiedene Ahornarten gut vertreten. In den vergangenen Jahren wurde Wien selbst in dicht verbauten Kernzonen grüner – rund 25.000 Bäume hat man nachgepflanzt. Dabei kam, wann immer es möglich war, das *Schwammstadt-Prinzip* zum Einsatz: Wertvolles Regenwasser geht nicht ungenutzt über den Kanal verloren, sondern wird über Poren im Wurzelbereich von den Bäumen aufgenommen. Gleichzeitig können so Überflutungen bei Starkregenereignissen verhindert oder abgeschwächt werden.

Die von den Wiener Stadtgärten für Neupflanzungen ausgewählten Baumarten entstammen dem jahrelangen Austausch mit internationalen Expert*innen, denn es gilt, neben den klimatischen Anforderungen an die Bäume Stressfaktoren wie Verdichtung und Versiegelung des Bodens zu berücksichtigen. Das Sortiment wird weiterhin laufend angepasst – fünfundzwanzig Arten finden sich aktuell auf der Liste. Hervorragend eignen sich neben Lederhülsenbaum und Südlichem Zürgelbaum ebenso verschiedene Sorten des Feldahorns *(Acer campestre).* Die heimische Baumart gedeiht auch in naturnahen

Feldahorn *(Acer campestre)*

Landschaften am Rande der Stadt. Seine Herzwurzel macht Feldahorn relativ sturmfest – was im windigen Wien von besonderer Bedeutung ist. Darüber hinaus kann er mit heißtrockenen Bedingungen gut umgehen. Als Baum gedeihend wird Feldahorn zwar meist nicht besonders hoch, bildet aber eine stark verzweigte Krone. Das macht ihn als Nistplatz bei Vögeln sehr beliebt. Häufig wächst *Acer campestre* auch strauchförmig, verträgt Rückschnitt gut und eignet sich deshalb ausgezeichnet für die Pflanzung blickdichter, lebender Mauern – die uralten, schnurgeraden Feldahornhecken im Schönbrunner Schlosspark oder im Garten des Belvederes veranschaulichen das bestens.

Manche Ahorne, unter anderem die in Nordamerika weit verbreitete Art *Acer saccharum*, werden traditionell angezapft, um an ihren zuckerhaltigen Saft zu gelangen, aus dem sich durch Eindicken Sirup herstellen lässt. Die Abhängigkeit von Rohrzuckerlieferungen aus Südamerika und der Karibik befeuerte in Wien zunächst das Interesse am Ahorn als Süßstofflieferanten. Die Zuckerrübe, die sich im Land ab Mitte des 18. Jahrhunderts zunehmend etablierte, ließ dieses aber wieder abflauen.

Einfach erkennbar sind die verschiedenen Ahorn-Arten an ihren zweiteiligen Flügelnüssen, die sich im Herbst wie kleine Helikopter durch die Luft schrauben. Speziell der Feldahorn wird in der Literatur immer wieder als *Speisebaum* beschrieben: Seine drei- bis fünflappigen Laubblätter waren in der Vergangenheit wertvolles Viehfutter und dienten auch der menschlichen Ernährung, wurden etwa milchsauer fermentiert oder für den Wintervorrat getrocknet. Die im Frühling noch hellen, zarten Laubblätter werden in zeitgenössischen Rezepten zum Umwickeln von Reis empfohlen. Gemeinsam mit den Blüten des Baumes sind sie eine dezent herbe Salatzutat.

GÖTTERBAUM

(Ailanthus altissima), Bittereschengewächse *(Simaroubaceae)*

Die Geschichte des Götterbaums *(Ailanthus altissima)* in Europa begann mit einer Verwechslung: Mitte des 18. Jahrhunderts schickte ein Missionar mit Hang zur Botanik Samen des Götterbaums von China nach Paris. Er tat dies in der Hoffnung, den Europäer*innen den legendären Lackbaum zu liefern, dessen Saft zur Herstellung kostbarer Möbel und exquisiten Geschirrs diente. Zunächst war die Enttäuschung groß, aber bald fand der Götterbaum als rasch wachsendes Ziergehölz Anklang – so auch in Wien.

Botaniker*innen wählen beim Kartieren einer Region häufig eine Zielart, auf die sie ihre Aufmerksamkeit richten. Wer sich in dieser wissenschaftlichen Arbeitsweise versuchen und möglichst viele Individuen finden möchte, sollte in Wien vielleicht den Götterbaum in den Fokus rücken. In der Stadt wächst dieser nicht nur äußerst zahlreich, sondern auch in allen Altersstufen: frisch gekeimt in Pflasterfugen oder an der Basis von Hausfassaden, mehrmals zurückgeschnitten und buschig wuchernd an Straßenrändern oder über die Jahre zu imposanter Größe herangewachsen in Parkanlagen. Der wohl prominenteste Wiener Götterbaum gedeiht an der Südseite des Stephansdoms. Er ist einer der wenigen alten Bäume innerhalb des Rings. Ganz bewusst wurde der Götterbaum einst zwecks forstlicher Nutzung in der Lobau angesiedelt, denn er liefert hochwertiges, festes Holz. Besonders in jungen Jahren zeigt er ein rasches Wachstum und kann schon im ersten Standjahr mehr als zwei Meter hoch werden. Einfaches Abschneiden fördert die Wüchsigkeit junger Götterbäume. Häufig treiben sie danach aus dem Wurzelstock umso stärker wieder aus. Durch diese Eigenschaft verursachen sie kostspielige Bauschäden.

Obwohl innerhalb der EU derzeit ein Transport- und Handelsverbot für den Götterbaum herrscht, ist er in seinem Expansionsdrang kaum zu bremsen.

Die Wiener*innen sind gespalten. Viele mögen den als invasiven *Neophyten* klassifizierten Baum wegen seines Ausbreitungsvermögens nicht. Andere wiederum schätzen ihn genau deshalb und freuen sich am Anblick des fiederblättrigen Exoten. Vielleicht wird der Götterbaum in Zukunft doch noch auf breiterer Ebene Zustimmung finden: Weder Hitze und Trockenheit noch Emissionen oder verdichtete Böden scheinen ihn nachteilig zu beeinflussen und machen ihn als Sauerstoff produzierenden, Schatten spendenden Stadtbaum attraktiv. Schon für die Erstbepflanzung der Ringstraße wurde unter anderem der Götterbaum gewählt. Sehr überraschend im Hinblick auf seine Resilienz ist dabei, dass ein Großteil der Bäume bald wieder einging. Das war ein großer Skandal und wurde bei der Wiener Bevölkerung auf breiter Ebene diskutiert. Nach dem Zweiten Weltkrieg begann dann aber die Erfolgsgeschichte des Götterbaums in Wien. Gemeinsam mit anderen Neubürgern wie etwa dem Sommerflieder besiedelte er äußerst effizient zerstörte Teile der Stadtlandschaft. In den vergangenen Jahrzehnten fühlt er sich vermutlich wegen des wärmer werdenden Klimas auch zunehmend in ländlichen Regionen wohl. In manchen Gebieten kommen dabei die durchaus legitimen Bedenken auf, dass er die ursprüngliche Vegetation verdrängt: Man befürchtet eintönig mit Götterbaum überwucherte Landstriche. Die Widerstandsfähigkeit von *Ailanthus altissima* beruht unter anderem auf den Bitterstoffen in seinem Gewebe. Diese verhindern nicht nur, dass andere Arten neben ihm aufkommen, sie schützen ihn auch vor Krankheitserregern und Fressfeinden. In der traditionellen chinesischen Medizin kommt die giftige Rinde in kleinen Dosen als Arzneimittel zum Einsatz.

Götterbaum *(Ailanthus altissima)*

„Nichts ist weder gut noch böse; das Denken macht es erst dazu."
William Shakespeare

Der Götterbaum ist ein klassisches Pioniergehölz: Ältere weibliche Individuen produzieren jährlich mehr als 300.000 Samen. Klein und geflügelt sind die Früchte wahre Flugspezialisten. Wie etwa Ahornfrüchte beschreiben sie im Fallen nicht bloß eine einfache, sondern eine doppelte Schraubenlinie. Dadurch bleiben die *Ailanthus*-Früchte besonders lange in der Luft und die Wahrscheinlichkeit, weit verweht zu werden, ist noch größer. Ein vorzügliches Transportmittel ist der Fahrtwind entlang öffentlicher Verkehrswege und selbst im unwirtlichen Gleisschotter kann der genügsame Götterbaum keimen. Ein an der Universität für Bodenkultur in Wien intensiv beforschter heimischer Pilz wird bereits seit einigen Jahren dazu genutzt, den Götterbaum in seinem Ausbreitungsdrang etwas zu bremsen, etwa wenn es darum geht, Schäden an Bauwerken oder Verkehrswegen zu verhindern. Noch werden Fahrten mit der Bahn in Wien aber unweigerlich zu einer Begegnung mit dem widerstandsfähigen Gehölz. Im Hochsommer, wenn nach längeren Trockenperioden die krautige Vegetation weitgehend vertrocknet ist, hebt sich das satte Grün der Götterbäume vor dem Hintergrund der Stadtlandschaft ab. Sie wachsen hier im Verband mit Sommerflieder und Blauglockenbaum. Rund um sie legt die Waldrebe ihren dicht verzweigten Rankenteppich aus – die Rückkehr der Wildnis inmitten der Stadt.

Der Seidenspinner ernährt sich von den Blättern der Weißen Maulbeere. Diese langsam wachsende, ursprünglich aus Asien stammende Baumart stellte einst die Grundlage für die Wiener Seidenproduktion dar. Obwohl von Maria Theresia stark gefördert, konnte sich die Ware aus lokaler Erzeugung langfristig gegenüber der Konkurrenz aus Übersee nicht behaupten. Mitte des 19. Jahrhunderts gab es einen zweiten Versuch, die Herstellung der edlen Faser in der Stadt zu etablieren. Dieses Mal wurde von Wiener Textilunternehmer*innen der seidenproduzierende Ailanthusspinner eingeführt. Götterbaumplantagen sollten das Futter für diesen, vor allem durch seine Größe von mehr als zehn Zentimetern auffallenden Falter liefern. Da die Qualität der gewonnenen Seide von grober, nicht zufriedenstellender Qualität war und Kunstseide als zusätzliche Konkurrenz aufkam, ging auch dieses Kapitel der Wiener Seidenproduktion bald wieder zu Ende.

SOMMERFLIEDER

(Buddleja davidii),

Braunwurzgewächse *(Scrophulariaceae)*

Der holzvertäfelte Paternoster bei Stiege 6 im Wiener Rathaus ist einer der letzten original erhaltenen des Landes. Unermüdlich dreht der Umlaufaufzug wochentags zwischen 6.30 und 16 Uhr seine Runden. Weniger nostalgisch, aber dafür aussichtsreicher ist eine Fahrt mit dem verglasten Lift im Haus – zu sehen ein 2004 von Lois Weinberger gestaltetes Flachdach, unter dem sich der Tiefspeicher der Stadtbibliothek befindet. Er imitierte dabei das Fraßmuster des Buchdruckers und schuf gleichzeitig eine künstliche ruderale Brache.

Einmal jährlich werden die Pflanzen etwas zurückgeschnitten, die sich in den organisch geschwungenen, breiten Fugen des Flachdachs angesiedelt haben: Einige gelb und weiß blühende Korbblütler und verschiedene *Sedum*-Arten sind zu erahnen – genauer lassen sich aus der Entfernung nur die Gehölze identifizieren. Eines mit markanten lila Blütenständen ist auf der Fläche besonders gut vertreten. Ein ebenfalls auf Wiener Boden angesiedeltes Objekt Lois Weinbergers erlaubt die strauchig wachsende Pflanze aus nächster Nähe zu betrachten: der *Wild Cube* im Garten des Belvedere 21, eine Art Käfig aus rohem Rippentorstahl, verhindert menschliche Einflussnahme und lässt gedeihen, was von selbst aufkommt, also in Samenform etwa vom Wind oder Vögeln angetragen wird. Auch der Sommerflieder *(Buddleja davidii)*, der sich auf dem Dachgarten im Rathaus etabliert hat, ragt hier in die Höhe: Seine Laubblätter sitzen gegenständig an den Ästen – lang zugespitzt, am Rand gesägt, oberseits dunkelgrün, unterseits silbrig-weiß. An den Enden der vierkantigen, samtig überzogenen Zweige sitzen lange lila Blütenstände. Die vielen Einzelblüten öffnen sich zeitlich versetzt von unten nach oben und verströmen dabei

Sommerflieder *(Buddleja davidii)*

„Die Natur ist überhaupt nur über unsere Kultur sichtbar, ich würde es sogar so weit treiben und sagen, dass die Kultur die Natur erst ermöglicht und erschafft." Lois Weinberger

Der Tiroler Lois Weinberger lebte in den letzten Jahrzehnten seines Lebens in Wien. Seine Kunst, teils in Zusammenarbeit mit seiner Frau Franziska entstanden, thematisiert die Vergänglichkeit des Anthropozäns sowie das Wechselspiel zwischen Mensch, Tier und Pflanze. Häufig fällt in der Beschreibung seiner Arbeiten der Begriff *Spontanflora.* Dieser bezeichnet Pflanzen, die sich ohne menschliches Zutun an einem Ort ansiedeln – im Gleisschotter aufkommende Gewächse werden ebenso zum Objekt wie im aufgebrochenen Asphalt gedeihende Arten. Lois Weinberger gilt als Vordenker einer ökologischen Kunst. Auch in der Arbeit vieler zeitgenössischer Wiener Kunstschaffender spielt *Ruderalflora* eine wichtige Rolle.

ihren Honigduft. Mit dem in Wien häufig vertretenen Gemeinen Flieder ist der Sommerflieder nicht näher verwandt.

Im 19. Jahrhundert aus dem westlichen China nach Europa gebracht, lockte der Sommerflieder mit seinen nektarreichen Blüten bunte Falter in die Gärten und war bald ein beliebtes Ziergehölz, das daher auch Schmetterlingsflieder genannt wird. Zahlreiche Sortenzüchtungen mit weißen, rosafarbenen oder dunkelvioletten Blüten entstanden. Bereits in den 1920er-Jahren begann der starke Expansionsdrang der Gehölzart aufzufallen. In den Nachkriegsjahren ging das Vorkommen des Schmetterlingsflieders allerdings mit der zunehmenden Stadtsanierung allmählich wieder zurück. Gerne besiedelte er weiterhin Baulücken, die bei Botaniker*innen als Hotspots der Biodiversität galten. Bei Heranwachsenden waren diese oft von hohen Bretterwänden umgebene Gelände als Spielplatz beliebt, die ausgedehnten Gebüsche des Sommerflieders bildeten die Kulisse für viele Abenteuer. Erst in den 80er- und 90er-Jahren verschwanden die wilden Ecken der Stadt großteils und eine Besiedlung mit Wildpflanzen wurde nur mehr dort zugelassen, wo die finanziellen Mittel fehlten, um sie zu entfernen. Mittlerweile wird aus ökologischen, aber auch aus ästhetischen Gründen wilden Gewächsen im Stadtbild wieder mehr Raum zugestanden – ein Gewinn für die Artenvielfalt. *Buddleja davidii* hat geringe Nährstoffansprüche, mag sonnige, warme Standorte, schottrige Böden und wächst in Wien am Donaukanal oder entlang der Stadtbahngleise. Neben Hummeln, Holz- und Honigbienen gehören namensgebend vor allem viele Schmetterlingsarten zu den Blütenbesucher*innen. Wobei diese ausbleiben, wenn die entsprechenden Raupen keine Nahrung finden – diese sind nämlich oft auf unscheinbare, teils weniger beliebte Pflanzen wie die Brennnessel angewiesen.

ECHTE WALDREBE

(Clematis vitalba), Hahnenfußgewächse *(Ranunculaceae)*

Die Echte oder Gewöhnliche Waldrebe *(Clematis vitalba)* nimmt als stickstoffliebende Pflanze das große Nährstoffangebot im Stadtgebiet gerne an. Dort, wo man sie lässt, erklimmt sie Bahnböschungen, Zäune oder andere Gehölze. Für die Raupen mancher Schmetterlinge ist sie eine beliebte Futterquelle. Neben wenig wählerischen Falterarten, die sich von unterschiedlichen Pflanzen ernähren, sind auch einige Spezialisten von ihr abhängig, beispielsweise das in Wien heimische Waldreben-Fensterfleckchen. Die Raupen dieses seltenen Falters rollen geschickt Blätter ihrer Wirtspflanze zusammen und schaffen sich so einen schützenden Unterschlupf. Am ehesten flattert der Schmetterling in Wien dort, wo die Waldrebe ungehindert wachsen kann, etwa an halbschattigen Waldsäumen oder in den Donauauen.

Sattgrün schimmern die gefiederten Blätter von *Clematis vitalba* aus dem Unterholz – ihre Unterseite ist etwas heller, zwischen den Fingern fühlen sie sich glatt an. Als Liane rankt sich die Waldrebe ebenso wie Hopfen und die zahlreichen Arten der Tropen an Sträuchern und Bäumen empor. Sie macht das entgegen dem Uhrzeigersinn, ist sie doch ein sogenannter *Linkswinder.* Rankende Blattstiele und -spindeln helfen ihr dabei, Höhen von bis zu rund zehn Metern zu erklimmen. Gedeiht die Waldrebe besonders gut, können Trägerpflanzen unter ihrer Last zusammenbrechen oder durch Lichtmangel absterben. Streifig löst sich die gräuliche Borke von den älteren, oft armdicken oberirdischen Teilen der Liane. Bei ungestörtem Wachstum können sie mitunter ein Alter von mehreren Jahrzehnten erreichen. Mit der Zeit entstehen dichte, häufig von Moos und Flechten bewachsene Gebilde, die den Eindruck tropischer Üp-

Echte Waldrebe *(Clematis vitalba)*

pigkeit vermitteln – durch ihr großes Eigengewicht sinken sie teils auf den Boden und liegen dort schlangengleich aufgetürmt.

Ganz im Gegensatz zu den vielen Gartensorten verwandter *Clematis*-Arten mit ihren oft kräftig gefärbten, großen Blüten wirken die kleinen sternförmigen der Echten Waldrebe optisch bescheiden. In cremigem Weiß blühen sie von Juni bis in den Herbst hinein. Je nach Tageszeit und Blühphase duften sie dabei sehr unterschiedlich, meint Marie-Louise Oschatz. Die in Wien lebende Forscherin beschäftigt sich seit vielen Jahren intensiv mit Blütendüften und beschreibt den Geruch der Waldrebenblüten folgendermaßen: Im Frühsommer verströmen sie untertags einen schwachen Grapefruitduft mit wässriger Mandarinenölnote, abends und in der Nacht hingegen riechen sie nach Orangenblüten. Der abendliche Duftwechsel endet etwa um die Mitte der Blühperiode. Auch die Intensität wird nach und nach schwächer. In der Literatur wird der Blütenduft von *Clematis vitalba* hingegen immer wieder als fischig, für Menschen eher unangenehm beschrieben und mit dem des Weißdorns verglichen. Möglicherweise gehört die Echte Waldrebe zu den Arten, die *populationsspezifische Duftgestalten* ausbilden und demnach regional unterschiedlich riechen. Bisher wurde die Echte Waldrebe dahingehend noch nicht näher untersucht.

Aus den Blüten entwickeln sich winzige braune Nüsschen mit langen, fedrig behaarten Flugapparaten. Das macht sie für manche Vögel attraktiv als Nestbaumaterial. In der Herbstsonne lenken die silbrig schimmernden, flauschigen Fruchtstände die Blicke auf die sonst so unauffällige Pflanze im Hintergrund – die Assoziation zum Küchenschwamm und die Bezeichnung *Waschlkraut* liegt nahe. Tatsächlich dienten die Bastfasern der Waldrebe noch Ende des vergangenen Jahrhunderts zur Herstellung von Schäuerschwämmen. Hierzu wurden dicke Sprosse der Waldrebe mit der Breitseite eines Beiles faserig geklopft. Der so gewonnene Bast ergab zusammengeknotet ein erstaunlich strapazierfähiges Putzknäuel. Hinsichtlich der Nutzungsdauer konnten sie mit den heute meist synthetischen durchaus mithalten.

Auch anderweitig wurde *Clematis vitalba* verwendet: Die leichten, aber stabilen und zugleich biegsamen Triebe der Waldrebe galten bereits in prähistorischer Zeit als idealer Werkstoff, etwa für die Herstellung von Körben, Schnüren oder Seilen. Und als im vergangenen Jahrhundert gekauftes Spielzeug noch Luxus war, Maiszapfen zu Puppenkindern wurden und Kastanienschalen zu Igeln, haben bestimmt auch die Kinder Wiens die Waldrebe kreativ genutzt – die wolligen Fruchtstände in Hinterhöfen oder auf Gstätten gesammelt und Schafherden aus ihnen fabriziert. Von experimentierfreudigen Heranwachsenden wurden die getrockneten Triebstücke der Pflanze als *Lianen-* oder *Waldtschick* konsumiert – häufig mit unangenehmen Nebenwirkungen wie Reizungen der Atemwege oder Schwindel, denn *Clematis vitalba* ist genauso wie viele andere Hahnenfußgewächse giftig.

ROTBUCHE

(Fagus sylvatica), Buchengewächse *(Fagaceae)*

Lichte und vegetationsreiche Eichenmischwälder sind charakteristisch für die tiefer gelegenen und wärmeren Randlagen des Wienerwaldes. Erst in etwas höheren Geländestufen bestimmt die Rotbuche *(Fagus sylvatica)* das Bild. Sie ist die häufigste Baumart der Region, dabei aber erst seit verhältnismäßig kurzer Zeit ein heimisches Florenelement – die Rückkehr aus eiszeitlichen Refugien gelang ihr vor rund 6000 Jahren.

Klimatische, aber auch geologische Gegebenheiten beeinflussen die Baumartenzusammensetzung der Waldgebiete am Westrand Wiens: Unterschieden wird der Karbonat-Wienerwald, der im Süden bei Kalksburg kleinräumig gerade noch das Stadtgebiet erreicht, vom Sandstein-Wienerwald. Eine Besonderheit im Kalkwienerwald ist die Schwarzföhre, die der Landschaft am Stadtrand mediterrane Anmutung verleiht. Gebietsfremde Nadelbaumarten wie Fichte oder Lärche wurden erst gegen Mitte des 19. Jahrhunderts aus forstwirtschaftlichen Gründen gepflanzt. Davor verjüngte sich der Wald um Wien weitgehend selbst.

Der Waldboden unter Buchen ist meist von einer dicken Laubschicht bedeckt. Hier finden sich im Herbst auch die bei Wildtieren beliebten Bucheckern. Roh genossen sind sie für Menschen leicht giftig, weshalb sich kurzes Rösten empfiehlt. Um die Früchte mit einem kleinen scharfen Messer einfacher von ihrer Schale befreien zu können, diese vorab mit kochendem Wasser übergießen. Die Kerne nun in der trockenen, heißen Pfanne schwenken. Nach dem Rösten lassen sich auch die dünnen, braunen Häutchen leicht von ihnen entfernen, etwa durch Abreiben mit einem Geschirrtuch. Anschließend pur genießen, salzen oder mit etwas Zucker karamellisieren. Alle Varianten schmecken köstlich auf cremigem Eis.

Weniger die Früchte, sondern vielmehr das feste, leicht rötlich gefärbte Holz der Buche ist ein begehrter Rohstoff – die traditionelle Nutzung mit großflächigen Kahlschlägen hat im Wienerwald vielerorts zu gleichaltrigen, hallenartigen Beständen geführt. Lange Zeit war Holz ein essenzielles Baumaterial. Bis zum Aufkommen der Mineralkohle um die Mitte des 19. Jahrhunderts war Holz auch die einzige bedeutende Energiequelle. Mangelte es an Brennholz, gab es weder warmes Essen noch behagliches Wohnen in der kalten Jahreszeit. Obwohl der Wienerwald eines der größten Laubwaldgebiete Europas ist und auch Auen entlang der Donau stadtnahe Holzquellen boten, konnte das stetig wachsende Wien seinen Holzbedarf aus lokalen Ressourcen nicht decken. Meist stammte nur ein Bruchteil des jährlichen Brennholzverbrauchs aus der Region. Holzimporte waren an der Tagesordnung, der Transportaufwand für das schwere und sperrige Gut enorm. Die günstige Lage an der Donau war dabei aber eine große Erleichterung, denn überwiegend kam Holz aus waldreichen Regionen auf dem Wasserweg in die Stadt. Selbst das, was von den Scheiten im Ofen noch übrig blieb, wurde genutzt: Die meist aus ärmeren Verhältnissen stammenden *Aschenmänner* zogen in Wien von Haus zu Haus

Rotbuche *(Fagus sylvatica)*

und baten darum, die Öfen leeren zu dürfen. In hölzernen Butten trugen sie die gesammelte Asche durch die Stadt, um sie an Seifensieder weiterzuverkaufen. Sie gehörten zum Wiener Alltag genauso wie die Maronibrater oder Wäschermädel.

Waschmittel zum Reinigen der Wäsche und duftende Seife für die Körperpflege sind heute eine Selbstverständlichkeit – Lauge war in der Vergangenheit dafür eine essenzielle Grundzutat, die sich durch das Vermengen von Holzasche mit Wasser herstellen lässt. Alternativ wurden saponinhaltige Pflanzen wie Seifenkraut mit Wasser überbrüht. In Wien erinnert die Bezeichnung Stubentor heute noch daran, dass im ausgehenden Mittelalter hier zahlreiche *Badestuben* existierten. Sie dienten nicht nur der Hygiene, sondern auch der Pflege sozialer Kontakte. Während des Badens wurden Speisen aufgetragen und man bot den Gästen musikalische Unterhaltung. Die zunächst flüssige, mit vielerlei duftenden und pflegenden Ingredienzien versehene Waschlauge wurde vom *Bader* vorbereitet, feste Seifenstücke kamen erst später auf.

Die Wiener Apotheker entwickelten eigene Seifenrezepturen, die lange Zeit der Oberschicht vorbehalten waren. Erst im 18. und 19. Jahrhundert wurde Seife durch die großtechnische Gewinnung von reinem Natriumhydroxid zur leistbaren und damit massentauglichen Ware.

UFER-TAMARISKE

(Myricaria germanica),
Tamariskengewächse *(Tamaricaceae)*

Wien im Sommer 1898: Im Franz-Josefs-Land – gemeint ist nicht die Inselgruppe im nördlichen Polarmeer, sondern die einstige donaunahe Vergnügungsstätte im heutigen 22. Bezirk – tummeln sich zahlreiche Menschen. Während sie sich lachend und plaudernd an den Buden unterhalten oder in Booten durch das schimmernde Wasser rudern, blickt sich am schottrigen Ufer ein junger Mann um. Josef Schneider hat zwar eine Karriere beim Militär eingeschlagen, ist aber auch begeisterter Pflanzensammler und wird im Laufe seines Lebens mit viel Sachkenntnis und großer Genauigkeit ein umfangreiches Herbarium anlegen. Gerade eben hat er eine Pflanze gesichtet: *Myricaria germanica* oder Ufer-Tamariske – die einzige in Mitteleuropa heimische Art ihrer Familie. Der verzweigt wachsende Halbstrauch wird bis zu zwei Meter hoch. Wie kleine Dachziegel schmiegen sich die bläulich-grauen Laubblätter an die jüngeren Zweige. Die Samen, pinselartig mit Haaren versehen, sind perfekt daran angepasst, sich vom Wind vertragen zu lassen. Bei passenden Bedingungen keimen sie darüber hinaus sehr rasch – zwei typische Pionierpflanzen-Eigenschaften, die der Art helfen, offene Standorte zügig zu besiedeln. Durch die Donauregulierung ist das Vorkommen der Ufer-Tamariske bereits im Rückgang begriffen. Josef Schneider bricht einige Zweige der seltener werdenden Pflanze ab, um sie für seine Sammlung mit nachhause zu nehmen.

Die Donau der Vergangenheit sah im Raum Wien völlig anders aus als heute. Ein mehrere Kilometer breites Auwaldgebiet war geprägt von den fünf Haupt- und zahlreichen Nebenarmen des Flusses, die immer wieder ihren Verlauf änderten. Bestehende Sand- und Schotterbänke wurden von den Wassermassen abgetragen, entstanden an anderer Stelle neu und boten

Ufer-Tamariske *(Myricaria germanica)*

Pflanzen und Tieren diversen Lebensraum. *Myricaria germanica* ist gut an eine derartige Dynamik angepasst. Für Jahre kann sie im Uferschotter gedeihen, bevor der sonnenhungrigen Pflanze von rasch wachsenden Pappeln und Weiden das Licht genommen oder sie bei starken Überschwemmungen fortgerissen wird.

Die von Josef Schneider aufgesammelte Pflanze befindet sich heute im Herbarium des Naturhistorischen Museums Wien. Besucher*innen der Ausstellungsräume ahnen meist nichts von den botanischen Schätzen, die sich unter dem gleichen Dach befinden, zumal es trotz der großen internationalen Bedeutung der Pflanzensammlung und der umfangreichen Forschungsarbeit im Haus aktuell noch keinen Botanik-Schausaal gibt. Bei der Führung durch das Herbarium wird die Begeisterung von Andreas Berger, einem wissenschaftlichen Mitarbeiter, spür- und nachvollziehbar. Hier riecht es nach Geschichte und Geschichten. Holz-, Papier- und Heunoten liegen in der Luft. *Heu* nennen Botaniker*innen auch scherzhaft Herbarbelege, für die manche von ihnen auf Felsvorsprünge und Urwaldriesen kletternd oder in Krisengebiete reisend ihr Leben riskieren. In massiven Holzschränken, die bis an die stuckverzierte Decke reichen, stapeln sich Kartons mit Pflanzen aus aller Welt: gepresst, getrocknet, meist mit gummierten Streifen auf dickem Papier befestigt und mit beschrifteten Etiketten, manchmal sogar mit ausführlichen Notizen oder Fotos versehen.

Beim Durchblättern einer Mappe, beispielhaft aus einem Regal gezogen, tritt zufällig eine Sammlung vierblättriger Kleeblätter – liebevoll in den 20er- und 30er-Jahren des vergangenen Jahrhunderts angelegt – zutage. Die zahlreichen getrockneten Exemplare der Ufer-Tamariske, die wir finden, duften trotz ihres Alters angenehm würzig. Mit den Fingerkuppen lässt sich ein taktiler Eindruck von den Strukturen der Pflanze gewinnen. Einer der Bögen verrät, dass die Ufer-Tamariske in Wien um

1900 nicht nur im Donauschotter, sondern auch auf den sandig-steinigen Böden der einst sehr artenreichen Türkenschanze zu finden war.

Von den rund vier Millionen Herbarbelegen im Museum sind nur etwa 300.000 digital erfasst. Schätzungsweise 400 Jahre würde es dauern, um mit den zur Verfügung stehenden knappen Mitteln sämtliches Material zu erfassen und das, obwohl viele ehrenamtliche Mitarbeiter*innen äußerst engagiert bei der Aufbereitung der Sammlungen helfen. Die Mappen mit gepresstem Pflanzenmaterial stapeln sich und ständig kommen neue hinzu – 10.000 bis 15.000 Belege erweitern die Sammlung jährlich. Tatsächlich lässt sich die hier verwahrte Dichte an biologischem Wissen lediglich erahnen. Künstliche Intelligenz könnte den Prozess der Digitalisierung beschleunigen, momentan bereiten die notwendigen Korrekturen aber noch einen verhältnismäßig großen Aufwand. Gäbe es doch auch eine Möglichkeit, die vielen tausenden Geschichten rund um die Funde der Pflanzen von den Herbarbögen abzulesen – zumindest verraten sie den Namen der Sammlerin oder des Sammlers, Fundort und -zeitpunkt. Es tauchen die Namen pflanzenbegeisterter Laien ebenso auf wie jene botanischer Größen, teilweise aus weit zurückliegender Vergangenheit. So lassen sich hier beispielsweise von Nikolaus Joseph Jacquin gesammelte Objekte aus dem 18. Jahrhundert entdecken. Trotz fragiler Optik sind Herbarbelege bei richtiger Aufbewahrung unglaublich lange haltbar. Der älteste der Sammlung stammt, soweit aktuell feststellbar, aus dem Jahr 1492.

Herbarien sind keine reinen Ablageorte für Pflanzen. Mit den Belegen wird wissenschaftlich gearbeitet. Das Museum kooperiert weltweit mit Botaniker*innen: Einzelne Arten sind anhand eines *Typus-Belegs* definiert. Optisch, aber auch durch den genetischen Fingerabdruck lassen sich Pflanzen mit dem Originalbeleg abgleichen. Heute werden Pflanzenfunde meist sofort digitalisiert. Die Methoden werden niederschwelliger, denn auch das ungeschulte, aber interessierte Auge ist zu mancher Entdeckung fähig. *Citizen Science,* das Miteinbeziehen naturinteressierter Laien, spielt so eine immer größere Rolle. Bestimmungsapps und soziale Netzwerke beflügeln mehr und mehr Menschen in ihrer Begeisterung für die Botanik und helfen dabei, die sogenannte *Plant blindness* abzulegen.

Viele der Pflanzen im Herbarium sind vermutlich am Naturstandort längst verschwunden – ein trauriges Staunen über die unglaubliche Fülle dieses Orts. So gilt auch *Myricaria germanica* in Wien als ausgestorben und scheint ebenso in anderen Teilen Österreichs bis auf wenige Restvorkommen an den Flüssen Lech und Isel weitgehend verschwunden zu sein. Verschwunden in dem Sinn, dass es in der vom Menschen geschaffenen Kulturlandschaft keinen passenden Platz mehr für sie gibt. Die Samen bedrohter Arten können gesammelt und die daraus gezogenen Pflanzen wieder in der Natur angesiedelt werden, häufig gehen jedoch die Orte und die spezifischen Bedingungen verloren, die sie benötigen würden. Im Fall der Ufer-Tamariske spielt der Mangel an unregulierten Gewässern eine wesentliche Rolle. Die historische Donau schränkte das Wachstum der Stadt ein und sorgte wiederholt für Überschwemmungen. In den 1870er-Jahren wurde sie stark reguliert, indem sie in ein künstlich geschaffenes Flussbett umgeleitet wurde. Als zusätzliche Schutzmaßnahme entstanden ein Jahrhundert später das Entlastungsgerinne der Neuen Donau und die Donauinsel. Seine Wildflussdynamik kam dem Gewässer dadurch weitgehend abhanden, was zum Verschwinden zahlreicher Pflanzenarten beitrug.

Die Spanne eines Menschenlebens gewährt nur eine Momentaufnahme des permanenten Kommens und Gehens der Arten, wohingegen das kollektive Gedächtnis den Blick auf eine anders dimensionierte Zeitskala erlaubt. Der aktuell unproportional große Anstieg des Artensterbens in nur kurzer Zeit wird so sichtbar. Dennoch gibt es Hoffnung, denn das System ist kein statisches: Arten verändern sich nicht nur ständig in ihrer evolutionärer Anpassung an die äußere Umwelt, sie können auch an einen Ort, an dem sie als ausgestorben gelten, wieder zurückkehren. Vielleicht wird eines Tages auch die Ufer-Tamariske wieder in Wien gedeihen.

BLAUGLOCKENBAUM

(Paulownia tomentosa), Blauglockenbaumgewächse *(Paulowniaceae)*

Der Gattungsname des Blauglockenbaums *(Paulownia tomentosa)* soll auf die Zarentochter und spätere Königin der Niederlande, Anna Pawlowna, zurückgehen. Der im 19. Jahrhundert unter niederländischer Flagge segelnde Forscher Philipp Franz von Siebold widmete ihr einen seiner zahlreichen Pflanzenfunde. Er hatte die Möglichkeit erhalten, in Japan zu lehren, und nutzte diese Zeit, um das Land vielseitig zu erforschen. Den Fokus richtete er dabei auf die Pflanzenwelt. Zurück in Europa, ordnete er seine reichhaltigen Sammlungen und publizierte mehrere Bücher, unter anderem eine *Flora Japonica.* Seine Arbeit führte ihn dabei auch nach Wien, wo er zur Tafel von Franz I. geladen wurde. Als Dankeschön ließ Siebold der Hofbibliothek wertvolle botanische Bücher zukommen, zu Ehren Metternichs benannte er eine Pflanze *Rhododendron metternichii.* Siebold soll über 500 verschiedene Pflanzenarten, -varietäten und -sorten nach Mitteleuropa gebracht haben. Zu ihnen zählt auch der Blauglockenbaum, der rasch zu einem Symbol der Monarchie avancierte. Vielleicht auch, weil Kaiser Franz Joseph ihn zu seinem Lieblingsbaum erklärt haben soll, ist er heute in Wien sehr häufig anzutreffen – einige der älteren Exemplare im

Blauglockenbaum *(Paulownia tomentosa)*

Stadtpark wurden noch zu seinen Lebzeiten gepflanzt. Teils von malerischem Wuchs fallen sie besonders im späten Frühling ins Auge: Die auffällig großen, lila-blauen Glockenblüten sind in langen Rispen angeordnet, duften intensiv und erinnern dabei an Vanille. Aus ihnen entwickelt sich durchschnittlich jedes zweite Jahr ein reicher Fruchtansatz. Die eiförmigen Kapseln öffnen sich im darauffolgenden Winter. Ausgewachsene Individuen entlassen bis zu zwanzig Millionen geflügelte Samen in ihre Umgebung. *Paulownia tomentosa* ist nicht sehr anspruchsvoll und keimt selbst in kleinsten Mauerritzen. In seiner Jugend frostempfindlich, liebt er die städtische Wärme und kommt mit steigenden Temperaturen gut zurecht. Auch mit Trockenheit, Streusalz und Emissionen kann er gut umgehen, weshalb junge Blauglockenbäume an vielen Ecken Wiens gedeihen. Sie wirken wie aus einer anderen Welt, fallen durch rasches Wachstum – teilweise mehrere Meter pro Jahr – und groß dimensionierte, an Elefantenohren erinnernde Blätter auf.

Eine genaue Betrachtung bringt kleine, spannende Strukturen zutage: Winzige, kugelige Drüsen und feine Haare an der Blattunterseite sondern eine zuckerhaltige Lösung ab. Wird ein Blatt verletzt oder angeknabbert, steigert sich die Produktion des süßen Saftes. Dieser lockt Ameisten an, die den Baum im Gegenzug vor Fressfeinden schützen. Andere Insektenarten bleiben unter Umständen auch an den zähflüssigen Ausscheidungen hängen und verenden. Wenn im Herbst die Blätter mit den dar-

---

Als jugendlicher Baum ähnelt *Paulownia tomentosa* stark dem aus Amerika stammenden Trompetenbaum. Da und dort in Parkanlagen wachsend, wird er in Wien aufgrund seiner länglichen Früchte auch *Virginiabaum* genannt. Auch wenn ihre zigarrenähnliche Form eine noch so große Verlockung darstellt: Der Trompetenbaum gilt als leicht giftig, weshalb sich das Rauchen der Fruchtstände nicht empfiehlt.

---

an klebenden Kleinstlebewesen zu Boden fallen, kann der Baum die Nährstoffe tierischen Ursprungs für sich nutzen. Vorausgesetzt, das Laub wird nicht entfernt, eine effektive Art der Selbstdüngung, meint der italienische Biologe Stefano Mancuso dazu.

Genau wie der Götterbaum ist auch *Paulownia tomentosa* aus der städtischen Schutt- und Pflastervegetation nicht mehr wegzudenken. Beide Gehölzarten ähneln sich in ihrem Verhalten: Als Jungpflanzen umgeschnitten, treiben sie Jahr für Jahr aufs Neue aus. Wegen der Bauschäden, die sie so verursachen, fallen beide unangenehm auf. Trotzdem gilt der Blauglockenbaum in Österreich als begehrtes Nutzholz, das gerne für die Herstellung von Möbeln und Instrumenten verwendet wird. Leicht und gleichzeitig formstabil, weist es eine beeindruckend hohe Zündtemperatur von 400 °C auf. Zudem liefert er in nur kurzer Zeit große Mengen hochwertiger Biomasse. Darüber hinaus produziert der Blauglockenbaum nicht nur überdurchschnittlich große Mengen an Sauerstoff, sondern nimmt auch entsprechend viel Kohlendioxid auf – vermutlich der Grund dafür, dass er so rasch wächst.

LORBEERKIRSCHE

(Prunus laurocerasus), Rosengewächse *(Rosaceae)*

Die Schmelz im 15. Wiener Gemeindebezirk ist eine sanfte Geländeerhebung zwischen Wienfluss und Ottakringer Bach. Neben dem Universitätssportzentrum befindet sich hier auch eine ausgedehnte Kleingartenanlage. Mit knapp 670 Parzellen auf einer Gesamtfläche von etwas mehr als fünfzehn Hektar ist sie eine der größten Mitteleuropas innerhalb verbauten Gebiets. Die Erwähnung der Begriffe Klein- oder Schrebergarten evoziert zunächst oft Bilder von knapp bemessenen Grünanlagen mit kurz gehaltenen Rasenflächen und schnurgeraden, akkurat getrimmten Hecken. In Gärten treibt die menschliche Ordnungsliebe teils kuriose Blüten – optisch sehr eindrücklich in Ulf Soltaus Publikation *Gärten des Grauens* vermittelt. Tatsächlich entsprechen auf der Schmelz viele Parzellen nicht diesem Klischee und bilden, aus der Vogelperspektive betrachtet, entsprechend Nutzungsart und -intensität ein buntes Mosaik. Viele der Pächter*innen ziehen wieder vermehrt Essbares zur Selbstversorgung, so wie es auch in der Entstehungszeit derartiger Gartenanlagen der Fall war. Einhergehend mit einer großen Vielfalt verschiedener Zierpflanzen, Obst- und Gemüsearten sowie dem Zulassen *wilder Ecken* finden hier auch jede Menge Tierarten Nahrung und Lebensraum.

Bei der Wahl der Grundstückseingrenzung besteht aus ökologischer Sicht allerdings noch reichlich Potenzial. Mehrheitlich wird momentan noch gerne auf wenige Arten zurückgegriffen. Beliebt sind Liguster oder unterschiedliche Sorten von *Thuja occidentalis,* wobei sich letztere in den vergangenen Jahren sehr anfällig für verschiedene Krankheiten zeigt. Soll eine schnell wachsende und blickdichte Hecke gepflanzt werden, fällt die Wahl nun immer häufiger auf die Lorbeerkirsche *(Prunus laurocerasus).* Auch für die Begrünung der Wiener Gastgärten ist sie besonders beliebt. Das in Südosteuropa beheimatete Gehölz kann innerhalb kurzer Zeit mehrere Meter hoch werden und bildet in Form geschnitten mit seinem grün glänzenden Laub bald eine dichte grüne Wand. Die Ähnlichkeit der Blätter mit denen des Echten Lorbeers hat dem immergrünen Strauch auch den Namen Kirschlorbeer eingebracht. Er gehört aber nicht zu den Lorbeer-, sondern zu den Steinobstgewächsen. Die Trivialnamen lassen nicht vermuten, dass es sich um ein giftiges Gehölz handelt. Aus den cremefarbenen, kerzenförmig angeordneten Blüten entwickeln sich kleine, runde, in der Reife schwarze Kirschen. Im Herkunftsgebiet der Lorbeerkirsche werden sie zwar teils zu Marmelade verarbeitet, zerkaut

Lorbeerkirsche
(Prunus laurocerasus)

man allerdings die Samen der ungekochten Früchte, wird im Magen aus den enthaltenen Glykosiden giftige Blausäure. Die toxische Wirkung der Pflanze macht sie für die angestammte Insektenwelt weitgehend uninteressant und bietet nur wenigen Arten Nahrung. Bei einer naturnahen Hecke, die sich aus unterschiedlichen Gehölzen zusammensetzt, verhält es sich ganz anders. Heimische und an die Region gut angepasste Alternativen sind beispielsweise Feldahorn, Weiß- und Schlehdorn oder Felsenbirne. Wer das Glück hat, in Wien einen Garten zu besitzen, kann beim jährlich im Herbst ausgerufenen *Heckentag* aus einer großen Zahl heimischer Gehölze wählen. Der Verein *Regionale Gehölzvermehrung* sammelt in aufwendiger

Handarbeit die Früchte wilder Sträucher und zieht aus ihnen Jungpflanzen, die zu moderaten Preisen angeboten werden. Die jungen Sträucher und Bäume wachsen zunächst zwar meist langsam, belohnen nach einigen Jahren aber mit einer Vielfalt an Blattformen, unterschiedlichen Blühzeitpunkten und leuchtenden Herbstfarben. Viele Wildgehölze locken selten gewordene Tiere in den Garten. So etwa der als verzweigter Strauch wachsende Faulbaum, dessen Blätter die einzige Nahrungsquelle für die Raupen des Zitronenfalters sind.

Schon der Götterbaum hat gezeigt, dass aus anderen Erdteilen stammende Pflanzenarten, die zunächst überschwänglich eingeladen werden, Park- und Gartenanlagen mit ihrer exotischen Erscheinung zu bereichern, häufig dadurch unangenehm auffallen, dass sie Grundstücksgrenzen nicht akzeptieren und sich in naturnahen Landschaften ausbreiten. Auch die Lorbeerkirsche neigt zum Verwildern. Dabei kommt es ihr zugute, dass sie einerseits sehr anspruchslos ist und andererseits das milder werdende Klima gut verträgt.

Kürzlich wurde die Lorbeerkirsche gemeinsam mit anderen invasiven Arten wie etwa dem Sommerflieder in der Schweiz verboten – zwar müssen bestehende Hecken dort nicht entfernt werden, allerdings dürfen betroffene Pflanzen weder ins Land eingeführt noch verkauft oder verschenkt werden. Wie sinnvoll Verbote dieser Art sind, muss sich erst zeigen, zumal Pflanzen ohnehin kein Bewusstsein für menschengemachte Grenzen mitbringen. Sie nehmen das Leben, wie es kommt, keimen und schlagen Wurzeln, bilden Blüten und Früchte in einer über Jahrtausende hinweg gleich gebliebenen Abfolge. Dabei nutzen sie kleine Nischen oder breiten sich sprunghaft über große Flächen aus – ganz so, wie es ihre Anpassung an die äußeren Umstände erlaubt. Der Naturstandort der Lorbeerkirsche liegt in nicht allzu weiter Entfernung – früher oder später würde *Prunus laurocerasus* mit dem wärmer werdenden Klima vielleicht ohnehin den Weg nach Wien finden. Das menschliche Auge scheint Zeit zu brauchen, um sich an ein im Wandel begriffenes Artengefüge zu gewöhnen, und was als schön empfunden wird, ist in der Regel sehr individuell. Leider treffen naturnahe Gärten nicht jeden Geschmack – aber vielleicht tröstet beim Anblick der Lorbeerkirsche der Gedanke, dass sie in ökologischer Hinsicht immer noch besser ist als der aktuell so beliebte Doppelstabmattenzaun mit eingeflochtenen Kunststoffstreifen.

FLAUMEICHE

(Quercus pubescens),

Buchengewächse *(Fagaceae)*

Der Nussdorfer Platz in Döbling ist der Ausgangspunkt einer fordernden, aber umso lohnenderen Wanderung auf den Wiener Leopoldsberg. Das erste Stück des rund elf Kilometer langen Weges führt die Donaupromenade entlang ins beschauliche Kahlenbergerdorf. Der anschließende Aufstieg bietet ein beeindruckendes Panorama und Einblicke in eine stadtnahe, aber überraschend naturnahe Landschaft: Die steilen Hänge und die Lage am Ostrand der Alpen sorgen auf dem Leopoldsberg für ein spezielles Mikroklima und dadurch für eine besondere Flora und Fauna. Neben dem Sommerlindenwald an der donauseitigen Nordostflanke haben vor allem die reichen Bestände der Flaumeiche *(Quercus pubescens)* Seltenheitswert. Teilweise bilden die knorrig verwachsenen Bäume hier einen geschlossenen Hochwald. An besonders kargen Stellen bleiben sie niedrig und wechseln sich mit blumenreichem Trockenrasen ab. Innerhalb Wiens gedeiht die Flaumeiche auch auf der Kuppe des Laaer Berges. Auf dem Leopoldsberg erreicht sie eines ihrer nördlichsten Vorkommen, denn ihr eigentliches Hauptverbreitungsgebiet liegt im Mittelmeerraum. Mit Extremlagen kommt die Baumart gut zurecht. Selbst an besonders steinigen, heißtrockenen Standorten findet sie mit ihren tiefreichenden Wurzeln Wasser und überdauert so selbst lange niederschlagsarme Perioden. Flaumeichen wachsen langsam und erreichen meist nur geringe Dimensionen von fünfzehn bis zwanzig Metern Höhe. Von anderen Eichenarten lassen sie sich gut durch den wolligen Flaum an ihren Knospen, jungen Zweigen und an der Unterseite ihrer Laubblätter unterscheiden.

Die Rinde junger Eichenzweige und die Laubblätter des Baumes sind eine gerbstoffreiche Medizin – ein Teeaufguss hat zusammenziehende und antiseptische Qualitäten, der sich etwa bei vielen Hauterkrankungen als wirksam erweist. Die stärke- und zuckerreichen Eicheln waren eine bedeutende menschliche Nahrungsquelle, dienten zum Strecken von Getreidemehl oder geröstet als bekömmlicher Ersatz für Kaffeebohnen. Weil die Früchte des Baumes auch bei Schweinen sehr beliebt sind, trieben Hirten die Tiere früher gerne zum Weiden in den Wald. Speck aus Eichelmast wird ein besonders feiner Geschmack nachgesagt und soll auch länger haltbar sein.

Gemeinhin werden die heimischen *Quercus*-Arten allesamt als Eichen bezeichnet. Tatsächlich sind es aber mehrere Spezies, die sich bei genauem Hinsehen voneinander unterscheiden lassen. Neben der Flaumeiche gedeihen auch Trauben-, Stiel- und Zerreichen in den Wäldern Wiens. Generell liegt die heimische Baumvielfalt im Vergleich zur Artenfülle in Asien oder Amerika im überschaubaren Bereich – nach den Eiszeiten haben verhältnismäßig wenige Baumarten den Weg zurück nach Mitteleuropa gefunden. Die natürliche Barriere der Alpen wirkte hemmend auf die Wiederbesiedlung.

Flaumeiche *(Quercus pubescens)*

Die mehrere Jahrhunderte alten, teils mächtigen Eichen, die in den tiefer gelegenen Urwäldern des vorgeschichtlichen Wiener Raums wuchsen, waren wohl imposante Erscheinungen und überdauerten viele Menschengenerationen. Wohl deshalb galten sie schon den Kelten als Symbol für Kraft und Stärke. Mit der zunehmenden Schaffung von Wiesen, Weiden, Feldern und Gärten verschwanden die Wälder nach und nach. Steile, von Buschwald geprägte Lagen wie jene am Leopoldsberg blieben mit ihrem kostbaren Artenreichtum bis heute vermutlich nur erhalten, weil sie aus wirtschaftlicher Sicht schlicht uninteressant waren: Die oft stark gewundenen Stämme der Flaumeiche machen ihr Holz als Werkstoff wenig gebräuchlich, und abgesehen von der Beweidung durch Schafe oder Ziegen ließen sich die stark abfallenden Hänge des Leopoldsberges wohl kaum nutzen – zum Glück, hinsichtlich ihres großen ökologischen Wertes.

SOMMERLINDE

(Tilia platyphyllos), Malvengewächse *(Malvaceae)*

Im gleich hinter dem Volkskundemuseum gelegenen Schönbornpark steht eine Sommerlinde *(Tilia platyphyllos)* von beeindruckenden Ausmaßen: Bei einer Höhe von rund fünfundzwanzig Metern beträgt ihr Stammumfang mehr als sechs Meter – es braucht drei Erwachsene, die einander die Hände reichen, um sie zu umfassen. Der Baum ist eines der wenigen Naturdenkmäler im achten Bezirk, die Parkanlage, in der er wächst, eine kleine grüne Insel in der ansonsten stark versiegelten Josefstadt.

In Wien gedeihen neben Sommer- auch Winter- und Silberlinde. Letztere stammt aus Südosteuropa, verträgt Hitze besser als die beiden heimischen Arten und wird aktuell in Wien ger-

Sommerlinde *(Tilia platyphyllos)*

Der Begriff des Naturdenkmals bezeichnet Naturgebilde, die entweder durch ihre Seltenheit oder Eigenart beziehungsweise wegen ihres großen ökologischen, wissenschaftlichen oder kulturellen Wertes prägend für ihr Umfeld sind. Mehr als 400 solcher Naturdenkmäler gibt es aktuell in Wien. Hauptsächlich sind es Einzelbäume, teils ganze Gehölzgruppen oder Alleen, manchmal auch Gewässer, Felsbildungen, erdgeschichtliche Erscheinungsformen oder Standorte seltener Tier- und Pflanzenarten.

---

ne als Allee- und Parkbaum gesetzt. Die häufig besonders majestätischen Sommerlinden gelten als Symbol für Liebe, Schutz und Frieden und wirken schon seit Jahrtausenden auf die Menschen. Noch heute sind sie in ländlichen Gebieten beliebte Hofbäume und werden in die Dorfmitte gepflanzt. Ihre herzförmigen, samtweichen, im Frühling noch zarten Laubblätter sind essbar und eignen sich für die Zubereitung mild schmeckender Salate. Gegen Anfang Juni, wenn an ausgewachsenen Lindenbäumen tausende Einzelblüten ihren charakteristischen, honigsüßen Duft verströmen, ist das laute Summen der Bienen nicht zu überhören. Bei aufkommenden Erkältungen gibt es kaum etwas Besseres als heißen Lindenblütentee mit Honig. Für den eigenen Vorrat werden die in Büscheln stehenden Blüten gemeinsam mit dem flügelartigen Hochblatt geerntet und an einem schattigen, luftigen Platz locker zum Trocknen aufgelegt. Auch andersartig wird die Linde seit langer Zeit von Menschen genutzt: Der Bast des Baumes war schon in vorgeschichtlichen Epochen Ausgangsmaterial für Schnüre oder Matten. Das Lindenholz selbst ist weich und gibt zwar weder besonders gutes Brenn- noch Bauholz ab, eignet sich aber hervorragend zum Schnitzen und so auch zur Herstellung von Musikinstrumenten. Stichwort Musik: Vermutlich wurde kein anderer Baum so oft besungen wie die Linde. Auch im berühmten Liedtext *Am Brunnen vor dem Tore* von Wilhelm Müller, für den Franz Schubert die Melodie komponierte, spielt sie eine tragende Rolle. In ganz Wien sind noch heute zahlreiche, teils durch Gedenksteine gekennzeichnete *Schubertlinden* zu finden, die 1928 anlässlich des hundertsten Todestages des Komponisten gepflanzt wurden. Bald werden sie ein Jahrhundert alt sein und dabei erst einen Teil ihrer potenziellen Lebenszeit hinter sich haben. In manchen Fällen können Linden nämlich über tausend Jahre alt werden.

Als ältester Baum Wiens wird keine Linde, sondern eine Europäische Eibe gehandelt. Die *Tausendjährige Eibe* am Rennweg, wohl ein Abkömmling eines Haines aus der Römerzeit, ist öffentlich nicht zugänglich. Wirft man im Botanischen Garten der Universität Wien, gleich hinter dem Alpinum, einen Blick zur gegenüberliegenden Ziegelmauer, kann man zwischen Ahorn- und Eschenbaum wachsend zumindest ihre Zweige erspähen. Zudem steht in unmittelbarer Nähe innerhalb des Gartens ein vermutlich mehrere hundert Jahre altes Exemplar von *Taxus baccata,* das sich eingehend betrachten lässt – aber Vorsicht, Eiben sind hochgiftig.

Die *Sage vom Stock im Weg,* deren Handlung um 1115 im damals noch stark bewaldeten Ober Sankt Veit spielt, beschreibt eine mächtige, hohle Linde als Behausung eines tückischen, siebenköpfigen Drachens. Wer heute, ganz ohne Ungetier, im lichten Schatten von Linden spazieren möchte, macht am besten einen Ausflug auf den Leopoldsberg. Dessen steile Nord- und Osthänge bedeckt ein Sommerlindenwald – landesweit eine echte Seltenheit.

WILDE WEINREBE

(Vitis vinifera subsp. *sylvestris),* Weinrebengewächse *(Vitaceae)*

Wiens Pflanzenwelt zeichnet sich durch einen kontinuierlichen Wandel aus. Arten kommen und gehen – mehrheitlich stark beeinflusst durch menschliches Zutun. Wie aber gestalteten sich diese Abläufe, als es noch keine Menschen gab? Richten wir unseren Blick auf das heutige Stadtgebiet und drehen das Zeitrad kräftig zurück. Je nach vorherrschendem Klima stoßen wir dabei auf Landschaften voll tropischer Üppigkeit ebenso wie auf karge, von Tundrenvegetation geprägte. Über lange Abschnitte hinweg war Wiener Boden allerdings ohnehin von urzeitlichen Meeren bedeckt: Aus der *Paratethys,* die einst weite Teile des heutigen Europas einnahm, entstand der *Pannon-See.* Vor rund elf Millionen Jahren erstreckte er sich dort, wo sich heute das Pannonische Becken ausdehnt. Entsprechende Ablagerungen lassen sich noch heute unter Wien finden. Fossile Funde aus Tongruben vom Laaer Berg und Inzersdorf malen das Bild einer sommergrünen Uferlandschaft mit warmgemäßigtem, feuchtem Klima. Neben Kiefern, Buchen und Eichen gediehen heute als exotisch geltende Arten wie Ginkgo, Lorbeer, Zimt- und Amberbäume. Auch Vorfahren des Götterbaums, der gegenwärtig im Land als invasiver Neophyt gilt, gehörten zur angestammten Vegetation.

Fossilien liefern für die Rekonstruktion vergangener Floren wertvolle Anhaltspunkte. Kalzit, ein Mineral, das für die Fossilisation besonders wichtig ist, spielt bei tierischen Funden eine entscheidende Rolle. Von Pflanzen treten meist nur Abdrücke zutage. Manchmal sorgt der Prozess der *Inkohlung* – die Verfestigung und Umbildung pflanzlicher Substanz unter Anreicherung von Kohlenstoff – dafür, dass sich Pflanzenreste über Millionen Jahre hinweg erhalten. Oftmals sind Randausbildung,

Wilde Weinrebe
(Vitis vinifera subsp. *sylvestris)*

Die Familie der Weinrebengewächse ist umfangreich. Dazu gehören auch die Jungfernreben – umgangssprachlich gerne unter dem Begriff *Wilder Wein* zusammengefasst. Als echte Lianen können sie innerhalb kurzer Zeit hohe Mauern erklimmen, manche von ihnen mit Hilfe von Haftscheiben. In Europa ursprünglich als nicht heimisch geltend, wurden sie ab dem 18. Jahrhundert zunächst in Gärten und Landschaftsparks gepflanzt. Sie verwilderten vielfach und sind mittlerweile in Wien eingebürgert. Im Stadtgebiet gedeihen sie sehr häufig – oft werden ganze Höfe von ihnen eingenommen, was Vögel und Insekten freut, denn sie nutzen die begrünten Fassaden gerne als Nist- und Lebensraum. Aber auch Menschen profitieren vom vertikalen Grün, das positiv auf das Stadtklima wirkt.

Nervatur und Konsistenz der Blätter derart gut erkennbar, dass eine genaue Bestimmung möglich ist. Am Laaerberg tauchten unter anderem zwei Blätter mit gesägt-gezähntem Rand auf, die der Weinart *Vitis teutonica* zugeschrieben werden konnten. Sie gedeiht heute nicht mehr in Wien und gilt als ausgestorben. Den Verwandten der urzeitlichen Pflanze begegnet man in der Stadt sehr häufig. So zum Beispiel der Edlen Weinrebe, deren Kulturgeschichte im Kaukasus begann. Die Etablierung des Weinbaus im Raum Wien wird häufig den Römern zugeschrieben, doch könnten Anfänge einer autonomen Weinbaukultur hier schon deutlich früher, nämlich bereits in der Bronzezeit, existiert haben. In jedem Fall waren es die Römer, die den Anbau von Kulturwein schließlich großangelegt förderten. Um die Versorgung der Legionssoldaten sicherzustellen, unterstützte Kaiser Probus gegen Ende des 3. Jahrhunderts n. u. Z. die Anlage von Weinbergen, die noch heute prägend für Teile des Stadtrandes sind. Die Edle Weinrebe musste zwar erst in Wien eingeführt werden, allerdings wächst sie dort besonders gut, wo auch ihre Ursprungsform gedeiht. In der Lobau kann man diese noch finden: Mühelos wächst sie bis in den Kronenbereich hoher Bäume empor, wo sich im Herbst ihr Blattwerk flammend rot und ihre kleinen, säuerlich schmeckenden Beeren dunkelblau färben – mittlerweile sehr selten geworden, gilt die echte Wilde Weinrebe *(Vitis vinifera* subsp. *sylvestris)* als Rarität.

ZIER- UND ZAUBER-PFLANZEN

BLAUER EISENHUT

(Aconitum napellus), Hahnenfußgewächse *(Ranunculaceae)*

Die Wiener Museumslandschaft ist eine vielfältige und teils kuriose, denkt man etwa an das Kriminalmuseum in der Leopoldstadt oder das Sanitärmuseum im sechsten Bezirk. Ein besonderes Kleinod lässt sich unweit der Votivkirche entdecken: Ein rot gestrichenes Tor an der Adresse Währinger Straße 14 führt zu Räumlichkeiten im ersten Stock, in denen anhand von etwa 10.000 Exponaten die Geschichte des Wiener Pharma- und Drogistenwesens erzählt wird. Der Begriff der Drogerie löste die noch im Wien des 19. Jahrhunderts übliche Bezeichnung *Dürrkräutler* ab. Das waren Geschäfte, in denen Medizinalpflanzen bezogen werden konnten. Die *Dürrkräutlerinnen* wiederum waren überwiegend Frauen aus ärmeren Schichten, die unter freiem Himmel, etwa auf dem Markt bei der Freyung, selbst gesammelte und getrocknete Heilkräuter anboten.

Die Freude am Ordnen, Bewahren und an der Weitergabe von Wissen eint das ehrenamtliche Team des Museums – allesamt ehemalige Drogist*innen, die ihre Zeit nach der Pensionierung gerne in der Gesellschaft Gleichgesinnter verbringen. Einen besonderen Stellenwert nehmen das hauseigene Herbarium und die umfangreiche Bibliothek ein. Letztere enthält mehr als 2000 Fachbücher, teils auch sehr wertvolle historische Ausführungen. Ein weiteres Glanzlicht ist die Originaleinrichtung einer Drogerie aus dem frühen 20. Jahrhundert. Auch ein schlichter hölzerner Hocker gehört dazu – Sigmund Freud soll bei seinen Einkäufen in der Drogerie immer auf ihm Platz genommen haben.

In Regalen reihen sich Flaschen mit schimmernden Flüssigkeiten. Mit Etiketten versehene Gläser enthalten getrocknete Blüten, Blätter, Früchte, Wurzeln oder Rindenstücke – allesamt

Blauer Eisenhut *(Aconitum napellus)*

haben sie medizinische Eigenschaften. Selbstbedienung gab es in historischen Drogerien keine, denn bei der Abgabe der richtigen Mengen war die fachkundige Hand der Drogist*innen gefragt:

„Alle Dinge sind Gift, und nichts ist ohne Gift.
Allein die Dosis macht, dass ein Ding kein Gift ist.“ *Paracelsus*

Im Pflanzenreich hat dieses oft herangezogene, meist abgewandelte Zitat weitreichende Gültigkeit. Manche Gewächse verfügen aber über derart toxische Inhaltsstoffe, dass schon Kleinstmengen genügen, um dem Leben ein unschönes Ende zu bereiten. Und da findet sich auch schon ein solches. Eines

---

Eine Schauvitrine im Pharma- und Drogistenmuseum ehrt Johann Zacherl, der Mitte des 19. Jahrhunderts in Tiflis lebte. Dort beobachtete er, wie die getrockneten und zerriebenen Blüten der Dalmatinischen Wucherblume äußerst effektiv zur Insektenabwehr angewendet wurden. Dies war den enthaltenen Pyrethrinen geschuldet. Zacherl erkannte das Potenzial der Pflanze und schloss mit mehreren Siedlungen einen Handel ab. 1856 übersiedelte er mit dem Vertrieb seines *Persischen Pulvers*, später *Zacherlin* genannt, nach Wien und erhielt bald das Privileg, sein Produkt direkt in der Stadt herzustellen. Mit Filialen in und außerhalb Europas wurde es für Motten, Läuse und Flöhe vielerorts ungemütlich. Nach der Übernahme durch Zacherls Sohn wurde mit dem Bau eines neuen Fabrikgebäudes begonnen: In Anlehnung an den Ursprung des Pulvers im orientalischen Stil erbaut, diente es nicht nur der Produktion, sondern auch der Reinigung und Einmottung von Pelzen und Teppichen. Mit dem Ende der Monarchie und dem Aufkommen synthetischer Insektizide ging es allerdings mit dem florierenden Unternehmen bergab. Heute wird das einzigartige Gebäude in der Döblinger Nusswaldgasse ab und an kulturell bespielt oder dient als Filmkulisse.

Historische Ansichten der Wiener Zacherlfabrik

der Gläser mit getrocknetem Kraut trägt die Aufschrift *Aconitum napellus*. Der Blaue Eisenhut ist wohl eine der giftigsten Pflanzen Europas und hat durch zahlreiche Mordfälle, aber auch unbeabsichtigte Vergiftungen unrühmliche Berühmtheit erlangt. Innerhalb Österreichs kommt er wild wachsend im Gebirge vor. Seine blau-lila schimmernden, helmartigen Blüten machen ihn aber auch zu einer beliebten Gartenzierstaude. So verlockend es auch sein mag, das schöne Gewächs zu berühren, ohne Handschuhe sollte man dies keinesfalls tun, denn das enthaltene Gift Aconitin wird direkt über die Haut aufgenommen. Intensiver Kontakt mit der Pflanze verursacht einen brennenden Schmerz und erzeugt anschließend ein Taubheitsgefühl. Im Mittelalter fand die Wurzel deshalb als Lokalanästhetikum bei chirurgischen Eingriffen Anwendung. Viele Patient*innen starben an den Folgen der Vergiftung. Das Schwemmen der Bettwäsche oder des Nachtgewands unliebsamer Ehemänner mit einer Eisenhut-Abkochung ließ diese langsam verfallen und schließlich recht unauffällig aus der Welt scheiden. Vermutlich ist dies öfter geschehen, denn die Pflanze trägt auch die Bezeichnung *Witwenkraut*. Der Verzehr von Blättern, Wurzelwerk und Blüten oder Extrakten daraus führt zu einem äußerst raschen Tod durch Atemstillstand und Herzversagen. Ein spezifisches Gegenmittel ist bis heute nicht bekannt.

Der Bezug derart toxischer Pflanzen, etwa zur Bekämpfung von Rattenplagen, war in Drogerien nur mit behördlicher Genehmigung möglich. Verpflichtende Aufzeichnungen und strenge Kontrollen schufen den entsprechenden rechtlichen Rahmen, weshalb Menschen mit Mordabsichten häufig auf wild gesammelte oder im Garten gezogene Pflanzen zurückgriffen. So vermutlich auch in einem Fall in Wien Anfang der 1980er-Jahre, über den der Gerichtsmediziner Christian Reiter in einer Folge des gemeinsamen Podcasts mit Falter-Chefredakteur Florian Klenk spricht: Ein Industrieller, der einer zu Weihnachten erhaltenen Flasche Calvados anonymen Absenders nicht recht traute, übergab sie zwecks Analyse der Wiener Gerichtsmedizin. Der Apfelschnaps wurde nach allen Regeln der Kunst untersucht, aber die Ergebnisse waren unauffällig. Abschließend sollte noch ein Tierversuch durchgeführt werden. Da aber keine Maus zur Hand war, schenkte sich der diensthabende Gerichtsmediziner selbst ein. Beim ersten Schluck nahm er ein auffällig starkes Brennen und eine Verkrampfung der Mundmuskulatur wahr – typisch für Aconitin. Wie die Geschichte endet, lässt sich in der ersten Folge der zweiten Staffel *Klenk + Reiter* nachhören. Nur so viel vorweg: Heutige chemische Untersuchungen erlauben es, das Gift des Eisenhutes zweifelsfrei nachzuweisen. Etwaiges Liebäugeln mit dem gefährlichen Gewächs macht also keinen Sinn: Auch wenn man es noch so geschickt anstellt – man wird überführt.

TITANENWURZ

(Amorphophallus titanum), Aronstabgewächse *(Araceae)*

Hinter Mauern verborgen, sich an das Belvedere und seine barocke Üppigkeit schmiegend, liegt der Botanische Garten der Universität Wien. Viele Besucher*innen kommen primär nicht wegen der Pflanzensammlung hierher, denn das im Stil des englischen Landschaftsgartens gestaltete Areal lädt mit ruhigen Plätzen im Schatten vielfältiger Gehölze und abwechslungsreichen Ausblicken zum entspannten Flanieren ein.

Gleich nach den Glashäusern beim Haupteingang, die auf kleinstem Raum eine unglaubliche Fülle an exotischen Pflanzen beherbergen, beginnt ein ausgeschilderter Pfad, der durch den nördlichen Teil des Gartens führt. Der *Endlicher-Fenzl-Kerner-Weg* veranschaulicht die verwandtschaftlichen Verhältnisse verschiedener Blütenpflanzenarten. Benannt ist er unter anderem nach Stephan Endlicher, der ab 1839 Direktor des Botanischen Gartens war und in dieser Zeit das Areal auf der Grundlage seines Werkes *Genera plantarum* umfassend neu gestalten ließ. Er ordnete Pflanzen nach der Ähnlichkeit ihrer Merkmale und teilte sie verschiedenen Familien zu. In den Beeten an den Rändern des Weges begegnet man anfangs Arten, die zu den Nachfahren der ursprünglichsten bedecktsamigen Blütenpflanzen zählen. Der Evolution folgend gelangt man auf dem Pfad zu erdgeschichtlich jüngeren Pflanzenfamilien, die sich zum Teil durch stärker abgewandelte und komplexer gebaute Blüten von ihren *primitiveren* Verwandten unterscheiden. Das Außergewöhnliche an Endlichers Arbeit ist, dass er noch vor Darwins Evolutionstheorie eine Idee von den Entwicklungsprozessen der Arten zu haben schien. Zwei prächtige, hochgewachsene Amerikanische Tulpenbäume am Wegrand wurden mit großer Wahrscheinlichkeit schon zu seinen

Wirkzeiten gepflanzt. Die Art mit ihren unverkennbaren Laubblättern und den hübschen, tulpenähnlichen Blüten gilt als lebendes Fossil, da sie bereits seit der Zeit der Dinosaurier in fast unveränderter Form existiert. Eduard Fenzl und Anton Kerner von Marilaun folgten Endlicher als Direktoren des Botanischen Gartens und führten sein Werk fort. Am Ende des Weges wird ein ausgedehnter Bambushain sichtbar, vermutlich einer der ältesten und größten des Landes.

Im Mai 2022 lockte ein besonderes Ereignis so viele Schaulustige in den Botanischen Garten, dass die Schlange der Menschen, die einen Blick in das große Kalthaus beim Haupteingang werfen wollten, bis zur Bambuspflanzung reichte: Titanenwurz *Willi* hatte einen beeindruckenden Blütenstand mit einer Höhe von knapp zwei Metern entwickelt, um nun rund vierundzwanzig Stunden lang zu blühen und dabei mit verwesungsartigem Geruch Bestäuber anzulocken. Die rund 10.000 Besucher*innen, die wegen der blühenden Titanenwurz ge-

---

Bambus zählt zu den Süßgräsern. Durch den Seidenhandel fanden im Laufe des 19. Jahrhunderts verschiedene Arten den Weg nach Europa, so auch der hier gepflanzte, aus China stammende Meergrüne Blattbambus. Ausgehend von einem kleinen Bestand nahmen seine unterirdischen Ausläufer mit der Zeit mehr und mehr Fläche für sich ein und bildeten ein gigantisches verholztes Grasbüschel. Zwischen den bis zu acht Meter hohen Halmen lässt sich erahnen, wie sich ein Käfer auf seinem Weg durch eine Wiese fühlt. Das meditative Spiel von Licht und Schatten und die dem Bambus eigene Geräuschkulisse lassen sich auf einem Steg erfahren, über den man bis ins Innerste des Hains gelangt und der gleichzeitig das Wurzelgeflecht und die im Frühling noch weichen Jungtriebe schützt. Die jährlich zigtausenden Besucher*innen sorgen durch das Spazieren rund um den Hain dafür, dass er sich nicht übermäßig ausdehnt.

Titanenwurz (*Amorphophallus titanum*)

kommen waren, ließen sich davon aber nicht abschrecken – der Garten blieb bis in die Nacht geöffnet, um möglichst viele Interessierte an dem Erlebnis teilhaben zu lassen. Nach dem Absterben des Blütenstandes und einer mehrmonatigen Ruhephase erschien ein Laubblatt, das rund vier Meter hoch wurde und mit seinem dicken Stiel und der flechtenartigen Musterung an einen Baum erinnerte. Wann der nächste Blütenstand mit seinen hunderten weiblichen und männlichen Einzelblüten im Botanischen Garten erscheinen könnte, ist nicht ganz klar. Am natürlichen Standort in den Regenwäldern Sumatras bildet die Titanenwurz unter optimalen Bedingungen üblicherweise jedes zweite Jahr einen solchen. Essenziell ist dabei, dass wieder genug Reservestoffe in die manchmal mehr als hundert Kilogramm schwere, im Boden verborgene Knolle eingelagert sind.

Weltweit gibt es vermutlich rund 6000 verschiedene Aronstabgewächse. Die Familienmitglieder zeichnet ein großer Formenreichtum aus. So überrascht es vielleicht, dass neben der Titanenwurz auch die winzigen Wasserlinsen zur Verwandtschaft zählen. Neben vielen beliebten Zimmerpflanzen wie Philodendren, Monstera und Dieffenbachien sind manche Aronstabgewächse auch wichtige Nutzpflanzen, die in den Tropen wegen ihrer stärkereichen Knollen kultiviert werden. *Amorphophallus titanum* bedeutet so viel wie *gigantischer unförmiger Penis*. Zu ihrem Spitznamen Willi kam die Pflanze im Botanischen Garten offiziell aber, weil man Heinrich Wilhelm Schott ehren wollte, der im 19. Jahrhundert maßgeblich dazu beigetragen hatte, dass sich Wien zu einer Hochburg der Aronstabgewächse entwickelte. Er war der erste Botaniker, der sich eingehend mit dieser Pflanzenfamilie beschäftigte. Während viele seiner Kolleg*innen ausschließlich mit Herbarbelegen arbeiteten, trug er in Wien eine einzigartige Sammlung lebender Pflanzen zusammen, um an ihnen zu forschen.

Darüber hinaus stellte er botanische Zeichner an, die von über 3400 Arten besonders detailgenaue Illustrationen anfertigten.

Der Botanische Garten beherbergt noch weitere medienwirksame Stars, etwa den Grasbaum, der nach vielen Jahrzehnten Wartezeit 2019 erstmals blühte. Aber die Aufmerksamkeit, die *Willis* erstes Blühereignis auf sich zog, blieb bisher unerreicht. Neben den tausenden Besucher*innen, die den Botanischen Garten aufsuchten, verfolgten viele Interessierte die ausgedehnte Berichterstattung – auf den eigens eingerichteten Livestream gab es 80.000 Zugriffe. Auch Monate nach der Blüte wurde immer wieder nach *Willi* gefragt. Auf Menschen üben beeindruckende Pflanzenindividuen wie er schon seit langem eine besondere Faszination aus. Der Wahrnehmung von Pflanzen als etwas Lebendiges steht unsere Affinität zu Tieren häufig im Weg. Das ist etwa daran zu erkennen, wie gerne sich Besucher*innen des Gartens von den zahlreichen kontaktfreudigen Eichhörnchen ablenken lassen, die sich hier tummeln. Die Einzigartigkeit der Titanenwurz ist aber sogar zu Menschen vorgedrungen, die sich eigentlich nicht für Pflanzen interessieren, und das, obwohl viele durch die ständige Präsenz digitaler Medien mittlerweile an großartige Bilder gewöhnt sind. Das Wunder ist leicht verfügbar geworden und es fällt schwer nachzuempfinden, wie sich Forschungsreisende beim erstmaligen Anblick exotischer Pflanzenpracht gefühlt haben müssen. Vielleicht können wir beim Betrachten des Alltäglichen wieder lernen zu staunen. Auch die winzige Pflanze, die wir zwischen den Pflastersteinen entdecken, während wir auf die Straßenbahn warten, ist etwas Besonderes. Um das zu erkennen, muss man ihr nur genug Aufmerksamkeit schenken.

FELSENKAKTUS

(Cereus peruvianus var. monstrosus), Kakteengewächse *(Cactaceae)*

Sukkulenten sind saftreiche, also wasserspeichernde Pflanzen, die gut an besonders trockene Lebensräume angepasst sind. Im Botanischen Garten der Universität Wien präsentiert eine eigene Schaugruppe nahe dem Haupteingang rund 150 verschiedene Arten. Jeden Frühling werden sie mit großem Aufwand im Freien aufgestellt, nachdem sie den Winter im Glashaus verbracht haben. Unter den Pflanzen befinden sich auch einige großgewachsene und sehr eindrucksvolle Felsenkakteen, die in ihrer südamerikanischen Heimat Wuchshöhen von mehreren Metern erreichen. Ein 1927 in der Wochenzeitschrift Die Bühne erschienener Artikel beschreibt ein besonders eindrucksvolles *Cereus*-Exemplar als Teil der Schönbrunner Kakteensammlung: *„Er ist schon so alt, dass niemand weiß, wie alt er ist. 1873 ist er aus der Weltausstellung, in der er sehr bewundert wurde, nach Schönbrunn gekommen und er fühlt sich da ausgezeichnet.“* Ob die erwähnte Pflanze tatsächlich von der Weltausstellung in den Schönbrunner Reservegarten kam, lässt sich laut der in Wien forschenden Gartenhistorikerin Claudia Gröschel nicht vollends klären. Ihre Recherche ergab aber, dass die für imposante Wuchshöhen bekannte Varietät *Cereus peruvianus* var. *monstrosus* im Schönbrunner Pflanzeninventar von 1895 gelistet ist und sich in den 1920er-Jahren tatsächlich noch ein sehr großes Exemplar im Palmenhaus befand. Durch die Druckwellen mehrerer Bombeneinschläge wurde Anfang 1945 dessen Verglasung und damit auch ein großer Teil der Pflanzen zerstört. Der beschriebene Felsenkaktus war vermutlich darunter.

Ob der *Schönbrunner Riese* zeit seines Lebens jemals zur Blüte gelangte? Generell bilden viele Kakteen erst ab einer be-

Felsenkaktus *(Cereus peruvianus* var. *monstrosus)*

stimmten Größe und im fortgeschrittenen Alter entsprechende Knospen aus. Sie benötigen dazu günstige Wachstumsbedingungen, an denen es bei einfacher Zimmerkultur meistens mangelt. So genügsam sie auch sind, schätzen Kakteen doch reichlich Sonnenlicht und bevorzugen im Winter kühle Temperaturen. Wenn alle Faktoren optimal zusammenspielen und ein Kaktus blüht, ist es dann zwar meist ein eher kurzes, aber dafür umso eindrucksvolleres Spektakel – bei manchen kleinwüchsigen Arten sind die opulenten Blüten teils größer als der Rest der Pflanze. Während sukkulente Pflanzen auch in anderen Erdregionen zu finden sind, beschränkt sich das natürliche Verbreitungsgebiet der Kakteen ausschließlich auf Amerika. Dort gedeihen sie topografisch sehr divers – von Patagonien bis nach Kanada, in tief gelegenen Ebenen und hoch im Gebirge. Seit der Erschließung des Seeweges gelangten immer wieder Kakteen in die Alte Welt und erregten Aufsehen, allerdings erlaubte erst das Aufkommen von Überwinterungshäusern im 17. Jahrhundert, ihre langfristig erfolgreiche, vor kalten Winterfrösten geschützte Kultur.

Im Wien des Biedermeier wuchs die Begeisterung für die obskuren Exoten, allerdings blieb diese auf einen kleinen Kreis vorwiegend männlicher, meist wohlhabender Pflanzenlieb_haber beschränkt. In der Zwischenkriegszeit brach schließlich ein regelrechtes *Kakteenfieber* aus, das nun auch bescheidenere Milieus erfasste. Die Hinwendung zur Natur war für viele eine der dünn gesäten Freuden im Nachkriegsalltag. Im Vergleich zu anderen Zimmerpflanzen waren Kakteen erschwinglicher und selbst kleine Wohnungen boten Platz für eine vielfältige Sammlung. Auch ihre lange Lebensdauer bei gleichzeitig geringen Ansprüchen sprach für Kakteen. Viele Menschen schienen sich in den Pflanzen wiederzuerkennen: Trotz fordernder Lebensumstände ließ sich der Alltag mit einer genügsamen Grundhaltung meistern. Kakteenbegeisterte

Wiener*innen sammelten die Gewächse in mitunter großem Umfang, tauschten sie mit Gleichgesinnten und bestaunten sie bei Fachausstellungen. Der Handel bot teils in aufwendiger Handarbeit gefertigte Kakteentöpfe an. Ebenso war entsprechendes Mobiliar erhältlich: Tische, Ständer und Kästen zur platzsparenden Unterbringung und repräsentativen Zurschaustellung der häuslichen Kakteenvielfalt. Spätestens ab Mitte der 1920er-Jahre widmeten sich Zeitschriftenartikel und ganze Bücher der Kakteenzucht und -pflege. Einige Wiener Blumenhandlungen spezialisierten sich in dieser Zeit ganz auf Kakteen. Die Pflanzen stammten dabei aus Überseeimporten, wurden aber teils auch von lokalen Züchter*innen gezogen. Mit der Massenbegeisterung für die Gewächse bekam die Kakteenwissenschaft Aufwind – Forschungsreisen machten dabei den Pflanzenhandel auf neue Arten aufmerksam und heizten die Sammelleidenschaft der Kundschaft weiter an. Leider wurden im Zuge des großangelegten Handels mit Kakteen zahlreiche Arten in ihrem natürlichen Verbreitungsgebiet gedankenlos ausgerottet. Noch heute sind viele der verbliebenen, oft sehr langsam wachsenden Spezies in ihrer amerikanischen Heimat vom Aussterben bedroht.

Die Wiener Kulturwissenschafterin und Journalistin Julia Grillmayr besuchte vor einigen Jahren den *Desert Botanical Garden* in Phoenix, Arizona. Dabei begeisterte sie die beeindruckende Anlage mit ihren weitläufigen Freilandpflanzungen und Gewächshäusern nicht nur durch ihre Schönheit, sondern auch als Insel der Biodiversität und einzigartige Forschungseinrichtung. Die bei ihrer Reise entstandene, überaus unterhaltsame Radiosendung mit dem Titel *Cactus and the many super powers of succulents* kann man in der Reihe *Superscience Me* bei Radio ORANGE 94.0 nachhören.

Cactaceae waren im Wien der Zwischenkriegszeit gemeinsam mit anderen Sukkulenten selbst in Musik, Literatur und bildender Kunst sehr präsent und wurden mit ihrer reduzierten, skulpturhaften Optik zum stacheligen Sujet der Avantgarde – wobei das Attribut *stachelig* bei Kakteen streng genommen nicht korrekt ist, denn womit wir es hier zu tun haben, sind keine Stacheln, sondern Dornen. Um der Verwirrung über botanische Begrifflichkeiten, die jetzt vielleicht aufkommen könnte, noch eins draufzusetzen: Bei den Rosen handelt es sich nicht um Dornen, sondern um Stacheln. Während Dornen als festsitzende Pflanzenorgane definiert sind, lassen sich Stacheln relativ leicht abbrechen. Beiden gemeinsam aber ist der Schutz, den sie vor Fressfeinden bieten.

KAFFEE

(Coffea arabica), Rötegewächse *(Rubiaceae)*

Eine der wirtschaftlich wohl bedeutsamsten Pflanzen der Welt dient interessanterweise nicht der Ernährung, sondern wird als Getränk konsumiert: *Coffea arabica*, die wichtigste Pflanzenart aus der Gattung Kaffee, stammt ursprünglich aus Afrika. In Wien findet sich das häufig strauchförmig wachsende Gehölz mit seinen dunkelgrün glänzenden, ledrigen Blättern in historischen Gewächshäusern und manchmal auch als exotisches Ziergewächs im Gartenmarkt. Die Kaffeepflanze trägt duftende weiße Blüten. Aus diesen entwickeln sich rundliche, in der Reife rote Steinfrüchte – so genannte Kaffeekirschen – mit meist zwei Bohnen in ihrem Inneren. Sie enthalten das stimulierend wirkende Alkaloid Koffein. Seinen Ursprung hat das heute so begehrte Getränk vermutlich in Äthiopien. Dort wurden die gerösteten und gemahlenen Kaffeebohnen mit heißem

Kaffee *(Coffea arabica)*

„Glücklich die Stadt, die sich eines trinkbaren Kaffees rühmen darf, und dreimal glücklich Du, Wien, dessen Kaffee nicht blos trinkbar, sondern auch gut und bisweilen sogar vorzüglich ist."

Robert Habs und Ludwig Rosner

Wasser überbrüht. Reisende lernten es dort kennen und trugen zu seiner wachsenden Popularität in anderen Regionen bei. Im 15. Jahrhundert war es bereits bis in die Türkei verbreitet.

Erste Bekanntschaft mit Kaffee könnte die Wiener Bevölkerung Mitte des 17. Jahrhunderts gemacht haben, als eine osmanische Botschaft am Hof etabliert wurde: Der Gesandte Kara Mehmed Pascha zog mit orientalischer Opulenz und umfangreichem Gefolge – darunter auch zwei Kaffeesieder – in die Stadt ein: „*Die Wiener, die bekannterweise Spektakel lieben, zumal exotische, strömten in Scharen zur türkischen Botschaft [...] Da das Offerieren von Kaffee ein Gebot der osmanischen Gastfreundschaft ist, hat sich mancher den schwarzen, duftenden Trank bestimmt schon jetzt schmecken lassen.*“[6]

Bis zur Eröffnung des ersten Kaffeehauses durch den Armenier Johannes Deodat vergingen allerdings noch einige Jahre. Anfangs waren Kaffeehäuser meist einfache, kleine Stuben, in denen das Getränk vom Sieder direkt aus einem gestielten Kännchen samt Kaffeesatz serviert wurde – und das ausschließlich männlichem Publikum. Erst nach dem Wiener Kongress wurden sie zu gemütlichen, teils prunkvollen Orten. Die wachsende Begeisterung für Kaffee brachte die Vormachtstellung des Alkohols ins Wanken. Mitte des 18. Jahrhunderts sorgte Johann Jakob *Gianni* Tarone für zwei Neuerungen: Er eröffnete ein sogenanntes *Sommerkaffeehaus* am Graben – ein Zelt, in dem unter anderem Kaffee ausgeschenkt wurde und zu dem endlich auch Frauen Zutritt hatten – und betrieb als Erster einen Gastgarten vor seinem Lokal, von dem bald als *Giannis Garten* geschwärmt wurde – vermutlich die Geburtsstunde des *Schanigartens*.

Lange Zeit beherrschten die Araber den Markt für Kaffee. Schließlich gelang es den europäischen Mächten aber, an Pflan-

6 Schwaner, 2007.

zen und Samen zu kommen. Es folgten dunkle Kapitel in der Geschichte des beliebten Genussmittels. Den neuen Anbaugebieten in den kolonisierten Regionen, die mehrheitlich von Sklav*innen bewirtschaftet wurden, musste teils großflächig Regenwald weichen. Steigende Importe förderten den wachsenden Konsum der wohlhabenden Bevölkerungsschichten und machten den Kaffee schließlich auch für die breite Bevölkerung erschwinglich. Anfang des 19. Jahrhunderts stand es eine Zeit lang weniger gut um die Kaffeehäuser – die von Napoleon verhängte Kontinentalsperre verhinderte die Einfuhr der Bohnen, die Sieder mussten auf Ersatzprodukte ausweichen. Immer wieder in der Geschichte Wiens, vor allem wenn Kriege und Krisen den Kaffee knapp und teuer machten, war pflanzlicher Ersatz gefragt: Eicheln, Bucheckern, Esskastanien, Queckenwurzeln, Brot und Getreide, aber auch Erbsen, Mais oder Feigen wurden getrocknet, geröstet und gemahlen zum Kaffeesurrogat. Die ärmsten Bevölkerungsschichten tranken selbst in guten Zeiten

---

Heute wird Kaffeeersatz überwiegend aus gesundheitlichen Gründen genossen. So auch der koffeinfreie Zichorienkaffee, der aus den Wurzeln der Gemeinen Wegwarte hergestellt wird. Aus derselben Pflanze ist die Vielfalt der Salatzichorien – Chicorée, Endivie, Zuckerhut und Radicchio zählen dazu – hervorgegangen. In Wien wächst sie überwiegend am Wegrand und bildet bei noch winterlichen Temperaturen eine grundständige Rosette aus unterseits borstig behaarten Blättern. Zwischen Juli und September ist die Wegwarte dann an ihren leuchtend blauen Blüten, die jeweils nur einen Tag und meist auch nur am Vormittag geöffnet sind, erkennbar. Schon lange wird sie vielfältig als Heilpflanze genutzt. Ihre Bitterstoffe wirken sehr anregend auf den Appetit. Als *Ziguri* findet sie sich im Wiener Wortschatz – Jemandem *ane übern Ziguri haun* bedeutet so viel wie jemandem eine Ohrfeige geben.

überwiegend den aus Getreide hergestellten Malzkaffee. Bei einfachen Kaffeeständen der Vorstadt kostete eine Tasse samt obligatem Kipferl genau einen Kreuzer. Wer echten Kaffee trinken wollte, musste 1785 die dreifache Summe auf den Tisch legen.

Die Erfolgsgeschichte des Kaffees – heute ist die Wiener Kaffeehauskultur immaterielles Kulturerbe der UNESCO – hat vermutlich weniger mit seinem Geschmack als mit seiner Wirkung zu tun. Der in Wien lebende Biologe und Autor David Bröderbauer beschreibt diese am Rande der Erzählung seines dritten Romans. *Die Halbe Welt* spielt in einer nicht allzu fernen Zukunft, überwiegend in einer Stadt im ehemaligen Mitteleuropa, vielleicht in Wien. Der Protagonist trinkt die erste Tasse Kaffee seines Lebens – hundert Prozent Arabica-Bohnen aus einer einzigen Lage, Restbestände einer alten Ernte. Inzwischen ist der Anbau von Kaffee nicht mehr erlaubt:

„Lilian stieg den Hügel hinab, vor sich die Stadt im Abendlicht. Die Schwerkraft schob ihn an, er lief beinahe – auf leichten Füßen. Er hatte die Tasse in einem Zug ausgetrunken [...] Zuerst hatte er gedacht, er müsse sich übergeben, doch während er die Allee entlanggegangen und der Geruch der Eukalyptusbäume auf ihn eingestürzt war, war die Übelkeit verflogen. Er fühlte sich wach und gut, nahm alles um ihn herum bis ins kleinste Detail wahr.“[7]

Die Grenzen zwischen Genuss- und Suchtmittel sind fließend – die legale Droge Nummer eins ist wohl der Kaffee, Wien ohne ihn eine Dystopie. Wie würden die Wiener*innen ohne Kaffee durch den Tag gehen, ihre Geselligkeit leben, ihre Arbeit bewältigen? Man vermag sich kaum vorzustellen, wie grantig manche von ihnen erst wären, würde man ihnen die anregende Wirkung des Getränks vorenthalten.

[7] Bröderbauer, 2023.

GARTENNELKE

(Dianthus caryophyllus), Nelkengewächse *(Caryophyllaceae)*

Im Kabinett 16 des Kunsthistorischen Museums Wien ist ein kleines Porträt Maximilians I. zu sehen. Während andere Bilder den Kaiser meist mit scharf geschnittenen, harten Zügen darstellen, zeichnet sich dieses durch eine gewisse Weichheit aus. Was hat die rote Nelke in Maximilians rechter Hand zu bedeuten? Einerseits symbolisiert die Blume Reichtum – durch das Abschneiden wird sie zu einem vergänglichen Luxusgut – oft steht sie aber auch für eine Verlobung. Sie könnte sich also auf Maximilians zweite Eheschließung beziehen, was auch den sanfteren Gesichtsausdruck des Kaisers erklären würde.

Schnittblumen gibt es heute in Wien nicht nur bei Florist*innen, sondern zu bedenklich niedrigen Preisen beinahe an

Joos van Cleve: Kaiser Maximilian I. (1459–1519). Um 1508/09, Kunsthistorisches Museum Wien

jeder Supermarktkasse. Vor einigen hundert Jahren sah das noch ganz anders aus. Stadtnahe Gärten und Gewächshäuser lieferten den Blumenschmuck für die Domizile der Wohlhabenden. Weniger Privilegierte erwarben ihn bei Blumenmädchen auf der Straße, an Marktständen oder in spezialisierten Handelsgärtnereien. Letztere befanden sich zunächst in den ehemaligen Vorstädten, etwa auf der Wieden oder im heutigen dritten Bezirk. Die von Kaiser Franz II./I. im ausgehenden 18. Jahrhundert geförderte Blumenliebhaberei ging mit dem zunehmenden Ausbau des Pflanzenhandels einher. Zumindest ab 1791 gab es ein Blumengeschäft am Neuen Markt, einige Jahre später ein weiteres an der Schottenkirche. Anfang der 1820er-Jahre eröffnete der Gärtner Johann Konrad Rosenthal eine kleine Blumenhandlung zwischen den Strebepfeilern an der Augustinerkirche. Bald folgten weitere auf dem Gebiet der heutigen Inneren Stadt. Einerseits waren es Blumenzwiebeln und -samen sowie getopfte Pflanzen – vor allem reich blühende Kamelien und Hortensien waren beliebt –, andererseits Schnittblumen, die nun immer mehr Abnehmer*innen fanden.

Die Gartennelke *(Dianthus caryophyllus)*, auch Land- oder Edelnelke, meist aber einfach kurz Nelke genannt, war lange Zeit eine besonders beliebte Zierpflanze. Zur selben Familie zählen auch kleine, recht unauffällige Gewächse wie das Behaarte Bruchkraut. Die ersten Gartennelken wurden mit großer Wahrscheinlichkeit im Osmanischen Reich oder in Persien kultiviert. Im beginnenden 15. Jahrhundert gelangten sie über den Süden Europas in nördlichere Gefilde. Die anspruchslosen und häufig wohlriechenden Nelken sind züchterisch leicht zu bearbeiten. Im Laufe der Jahrhunderte entstanden so unzählige Sorten – in adeligen und bürgerlichen Kreisen etablierte sich ein reger Tausch mit der farben- und formenreichen Vielfalt. Der federnde Wuchs, der ihre wilden Verwandten oftmals auszeichnet, ist der kultivierten Gartennelke abhandengekommen. Die schlan-

Gartennelke *(Dianthus caryophyllus)*

Gerne instrumentalisiert die Politik Blumen für ihre Zwecke. Warum sich die illegalen Nationalsozialisten vor 1938 als Erkennungssymbol gerade die Kornblume ausgesucht haben, ist aber eigentlich doch recht erstaunlich, handelt es sich doch um keine ureinheimische Pflanze, sondern um eine eingewanderte Art, die im Zuge der neolithischen Revolution den Weg aus dem Nahen Osten nach Mitteleuropa fand.

ken, aber festen, häufig grau-grünen Stängel der Blume sind ausgezeichnete Wasserspeicher. Geschnittene Nelken können so über weite Strecken transportiert werden und halten, zu einem Strauß gebunden, lange in der Vase. Mit dem wirtschaftlichen Aufschwung nach dem Ende des Zweiten Weltkriegs wurde die Nelke zur floralen Verkörperung der 50er-Jahre. Wenn man sie heute betrachtet, schwingt oft eine gewisse Nostalgie mit – Bilder von Knopflochblumen, gut haltbaren Brautbouquets und mit Blattglanz besprühten Beerdigungskränzen tauchen auf. Zugleich ist da die politische Bedeutung, die der Pflanze gegeben wurde. War sie jahrhundertelang die Blume der oberen Gesellschaftsschichten, so wurde speziell die rote Nelke bereits im ausgehenden 19. Jahrhundert zum Emblem der aufstrebenden Sozialisten: 1899 berichtete die Arbeiter Zeitung vom alljährlichen Festmarsch der Arbeiter*innen am 1. Mai in Wien, bei dem sich die Teilnehmer*innen rote Nelken ansteckten. Neben der kräftig leuchtenden Farbe dürften vor allem die leichte Verfügbarkeit und der erschwingliche Preis eine entscheidende Rolle bei der Wahl gespielt haben. Im selben Jahrhundert existierte in Wien noch eine eigene Branche, die sich ganz der Herstellung von Kunstblumen verschrieben hatte. In den Blumenfabriken arbeiteten überwiegend junge Frauen. Sowohl Entlohnung als auch Arbeitsbedingungen waren miserabel, weshalb sozialistisches

Gedankengut auch bei den sogenannten *Blumenmacherinnen* auf fruchtbaren Boden fiel.

In der Floristik sind Nelken heute zwar noch präsent, aber weit weniger beliebt als etwa Rosen oder Tulpen. Viele Schnittblumen im heimischen Handel stammen überwiegend aus Südamerika und Afrika mit Zwischenstation in Holland als Hauptumschlagplatz. Es gibt zwar auch eine lokale Produktion in Wien, aber der Großteil der am Blumengroßmarkt in Inzersdorf gehandelten Ware kommt von weit her. Aber Slow, in Anlehnung an die *Slow Food*-Bewegung, hat mittlerweile auch im Blumenhandel Einzug gehalten: Vor einigen Jahren begann Katharina Reckendorfer im Weinviertler Schönkirchen damit, auf einem kleinen Feld Schnittblumen zu kultivieren. Ihre saisonalen Sträuße, die als Abo bezogen werden können, finden über Fahrradbot*innen den Weg zu den Wiener Kund*innen. Die floralen Arrangements lokalen Ursprungs geben jedes Jahr auch einigen Hochzeiten eine besondere Note – dabei arbeitet sie gerne mit Meisterfloristin Christina Moritz zusammen, deren Blumen am Rand des 14. Bezirks und im Burgenland gedeihen. Häufig sammeln die beiden auch wild oder im Obstgarten, und so tauchen in den Kompositionen neben klassischen Schnittblumen auch Wiesensalbei, Hirtentäschel oder zartrosa Quittenblüten auf. Als die Sprache auf die Nelke kommt, freut sich Katharina Reckendorfer. Von ihren Abnehmer*innen wird sie zwar noch nicht verstärkt nachgefragt, aber bei Blumen ist es doch wie mit der Mode: Die Trends wiederholen sich, und die Nelke mischt international längst wieder mit. Auf dem kleinen Feld im Weinviertel wachsen deshalb neben den traditionellen, aus dem Bauerngarten bekannten Bartnelken nun in vielerlei Farben auch klassische Gartennelken.

KOKASTRAUCH

(Erythroxylum coca),

Rotholzgewächse *(Erythroxylaceae)*

Wer sich auf den Straßen Wiens bewegt, hat häufig kaum eine Vorstellung von den gewaltigen Dimensionen des im Untergrund liegenden Kanalsystems. Täglich fallen rund 500 Millionen Liter Abwasser an, die über das ausgedehnte unterirdische Netz an den topografisch tiefsten Punkt der Stadt geführt werden. Hier in Simmering, wo sich eine der größten Kläranlagen Europas befindet, wird das Schmutzwasser gründlich gereinigt, bevor es in die Donau weiterfließt. Seit einiger Zeit liefert das städtische Abwasser wertvolle Informationen über die Bevölkerung: Neben der Konzentration von Krankheitserregern gibt es auch Hinweise auf den Drogengebrauch der Wiener*innen. 2023 wurden bei einer Analyse rund 440 Milligramm Kokain gemessen – ein Plus von knapp zwanzig Prozent im Vergleich zum Jahr davor. Ob der ermittelte Wert über den tatsächlichen Kokainkonsum Aufschluss geben kann, ist fraglich. Allerdings dürfte die einst von wohlhabenden Eliten favorisierte Droge in jüngerer Vergangenheit erschwinglicher geworden sein. Zudem ist sie scheinbar nicht nur in der Partyszene beliebt, sondern wird gegenwärtig vermehrt auch in anderen Gesellschaftsbereichen, etwa zur Leistungssteigerung im Berufsalltag, genutzt.

Ausgangsprodukt für das bitter schmeckende, optisch weiße Pulver ist die Kokapflanze *(Erythroxylum coca)*. Der immergrüne Strauch mit rötlicher Rinde und elliptischen, ledrigen Laubblättern hat seine Heimat an den regenreichen Osthängen der Anden und gedeiht dort in Lagen bis zu 2000 Meter Seehöhe. In den Herkunftsgebieten haben die Zubereitung von Koka-Tee und das Kauen der Blätter mit Zusätzen wie Asche oder Kalk eine jahrtausendelange Tradition. Als *Pflanze der Un-*

Kokastrauch *(Erythroxylum coca)*

sterblichkeit wird der Kokastrauch religiös verehrt, denn durch ihn lassen sich bei stark reduziertem Schlafbedürfnis, Hunger- und Durstgefühl selbst große Strapazen und anspruchsvolle Arbeit leichter bewältigen. Manche Historiker*innen sehen in der Wirkung der Pflanze gar einen wesentlichen Beitrag zur frühen Entwicklung der Hochkulturen in den Anden. Die spanischen Eroberer verstanden die weitverbreitete Nutzung der Pflanze genauso wenig wie andere Bereiche der indigenen

Kultur und verbannten zunächst ihren Gebrauch, erkannten aber bald, dass sich mit ihr die Arbeitsleistung der eingeborenen Bevölkerung deutlich steigern ließ. In den folgenden Jahrhunderten gelangte die Kokapflanze zwar immer wieder nach Europa und erregte Interesse, bis zu ihrer ausgedehnten Nutzung in der Alten Welt sollte es aber noch dauern. 1859 brachte Karl von Scherzer von seiner Expedition mit der österreichischen Fregatte Novara Kokablätter nach Wien mit. Der deutsche Chemiker Albert Niemann isolierte aus diesen erstmals das Hauptalkaloid. Die gewonnene Substanz nannte er *Kokain*. Sigmund Freud beschreibt in seinem 1885 erschienenen Bericht *Über Coca* eigene Erfahrungen mit der Droge und spricht sehr lobend von ihrer stimmungsaufhellenden und leistungssteigernden Wirkung. Damit leistet er einen wesentlichen Beitrag zur vermehrten medizinischen Anwendung von Kokain, etwa zur Behandlung von Depressionen oder Morphiumsucht und als lokales Betäubungsmittel. Besonders in der Wiener Kunst- und Literaturszene erfreute es sich bald großer Beliebtheit. Galt Kokain anfangs als nebenwirkungsarm, kamen innerhalb einiger Jahre auch die Schattenseiten der Substanz ans Licht. Im politischen Groschenroman *Der Kampf um Wien* von Hugo Bettauer werden diese drastisch angesprochen. Auf die Frage des Protagonisten an einen Mediziner, wozu Kokain denn gut sei, erhält er als Antwort:

„Gut für nichts als für den Arzt, der es verschreibt, den Händler, der es verkauft, und den Teufel, der einen früher oder später holt! Aber angenehm, sehr angenehm! [...] Ein Trost für alle Dekrepierten, mit Schmerzen Gebresten und Sorgen Beladenen. Übrigens schnupft jetzt halb Wien Kokain.“[8]

[8] Bettauer, 1923.

Heute sind die Folgen regelmäßigen Kokainkonsums weitgehend bekannt: Auf die als angenehm empfundene Reduktion sozialer Hemmungen, erhöhte Leistungsfähigkeit und gesteigertes Selbstbewusstsein folgen nach der Wirkzeit teils starke Depressionen, die zum weiteren Konsum verleiten. Häufig entwickelt sich so rasch eine psychische Abhängigkeit. Mitunter ernähren sich Menschen, die regelmäßig Kokain konsumieren, unzureichend, sind dadurch weniger belastbar und riskieren chronische, teils schwerwiegende Folgeerkrankungen.

In der fordernden Zeit nach dem Ersten Weltkrieg dauerte es allerdings einige Zeit, bis die offiziell anerkannte und hochwirksame Arznei zur verbotenen Droge erklärt wurde. Während der Weltwirtschaftskrise ging die Kokainnachfrage zugunsten billigerer und damals legal erhältlicher Amphetamine zurück. In den 1980er-Jahren wurde die Substanz wiederentdeckt. Falcos Single *Mutter, der Mann mit dem Koks ist da* aus den Neunzigern spielt mit der Zweideutigkeit der Bezeichnung für das Kohleprodukt. Das Synonym *Weißes Gold* deutet den Reichtum an, der sich mit Kokain erwirtschaften lässt. Was die südamerikanischen Kokabauern verdienen, reicht allerdings oft gerade aus, um ihre Familien zu ernähren. Große Gewinner sind lediglich kriminelle Kartelle. Die Droge mit all ihren negativen Aspekten hat der Pflanze ein äußerst schlechtes Image beschert. Dabei scheint *Erythroxylum coca* aber auch positive Qualitäten zu haben, wird in Teilen Südamerikas weiterhin traditionell genutzt und mancherorts ganz legal als vielversprechendes Superfood gehandelt. Ob eines Tages auch in Wien Kokablatttee als muntermachende Kaffeealternative an den Tisch bestellt werden kann, steht noch in den Sternen – zu wenig wurde die Pflanze bisher beforscht.

SCHÖNBRUNNER FOCKEA

(Fockea capensis),

Hundsgiftgewächse *(Apocynaceae)*

Im Reservegarten des Schlossparks Schönbrunn ist ein auf den ersten Blick recht unauffällig wirkendes, bestenfalls als kurios wahrgenommenes Gewächs untergebracht. Verholzte, gewundene Triebe stehen aufrecht oder kommen lang gewachsen neben der Pflanze zum Liegen. Die gelben Blüten der Pflanze sind unscheinbar, ihre Laubblätter klein und gekräuselt und über viele Monate im Jahr bleibt *Fockea capensis* vollständig kahl. Im Inneren der sukkulenten Pflanze fließt weißer Milchsaft, weshalb sie in ihrer südafrikanischen Heimat auch *Koei* – Kuh – genannt wird. Die Oberfläche ihrer sichtbaren, dicken Wurzelknolle hingegen erinnert an Elefantenhaut. Weiß man nicht um die Geschichte dieser Pflanze, spaziert man vermutlich recht unbedarft an ihr vorbei. Tatsächlich handelt es sich bei ihr aber um etwas ganz Besonderes. Mit einem geschätzten Alter von rund 600 Jahren gilt sie als eine der betagtesten Topfpflanzen der Welt. Ende des 18. Jahrhunderts begann das Wiener Kapitel ihres langen Lebens: 1785 kam der in Deutschland geborene Georg Scholl nach Schönbrunn, um dort als Gärtnergehilfe zu arbeiten. Noch im gleichen Jahr wurde er im Auftrag von Joseph II. gemeinsam mit dem erfahreneren Franz Boos nach Südafrika geschickt, um dort exotische Pflanzen und Tiere zu sammeln.

Während Boos drei Jahre später die erste umfangreiche Lieferung nach Wien begleitete, wurde für Scholl aus der Expedition ein unfreiwilliger, vierzehnjähriger Aufenthalt. Diplomatische Verwicklungen und Schiffbruch verhinderten immer wieder die Rückreise. Scholls Zeit in der Kapprovinz kam der kaiserlichen Botaniksammlung zugute. Er legte ein umfangreiches, heute noch erhaltenes Herbar an und sammelte unzählige lebende Pflanzen – die Schönbrunner Fockea, liebevoll auch *Alte Dame*

Schönbrunner Fockea *(Fockea capensis)*

genannt, ist ein Relikt aus dieser Zeit. Auf dem Fensterbrett eines Gärtners überstand sie den Zweiten Weltkrieg. Anfang der 1970er-Jahre produzierte sie erstmals Samen. Einer ihrer Nachkommen lässt sich im Schönbrunner Wüstenhaus bestaunen. Dort gedeiht auch *Welwitschia mirabilis,* ein exotisches Gewächs, das der afrikanischen Namib-Wüste entstammt und unglaubliche 2000 Jahre alt werden kann. Es bildet nur zwei Laubblätter, die aber jeweils mehrere Meter Länge erreichen.

Das benachbarte Palmenhaus gilt als eine architektonische Meisterleistung und zählt zu den größten Gewächshäusern der Welt. Die botanische Sammlung in Schönbrunn ist weit umfangreicher als der Teil, den Besucher*innen des Schlossparks und der öffentlich zugänglichen Gewächshäuser zu sehen bekommen: Ab Mitte des 16. Jahrhunderts ließen Forschungsreisen im Auftrag der Habsburger den Pflanzenschatz kontinuierlich wachsen. Als im Laufe der Jahrhunderte Zierpflanzen auch für breitere Bevölkerungsschichten erschwinglich wurden, kam von England ausgehend die männlich dominierte Profession des Pflanzenjägers auf. Es waren ambitionierte Sammler, für die weniger das wissenschaftliche Interesse als die finanzielle Ausbeute im Vordergrund stand und die dabei in anderen Erdteilen manchmal ganze Landstriche buchstäblich abräumten. Tausende Pflanzen gingen auf den Wochen oder gar Monate dauernden Heimreisen ein.

„‚Pflanzenjäger‘ – ein zwiespältiger Begriff: In dem Wunsch, ‚Beute zu machen‘ und eine Pflanze ‚zur Strecke zu bringen‘, beinhaltet er auch Gewalt und Zerstörung. Andererseits – welches Übermaß an Schönheit, welche Vielfalt an Pflanzen, Farben und Formen ist durch die Pflanzenjäger aus fremden Ländern und fernen Kontinenten zu uns gekommen.“[9]

[9] Hücking, 2012.

J. Schindler und F. Wolf: Blumenausstellung im Glashaus des Schwarzenberggartens. 1832, Wien Museum

Schon früh versuchten Menschen, sich in ihren Wohnstätten mit lebenden Pflanzen zu umgeben. Bereits die Römer holten sich beispielsweise Myrte, Oleander und verschiedene Zitrusgewächse in ihre Häuser. In Österreich gibt es kaum heimische Arten – der Gemeine Efeu stellt eine der wenigen Ausnahmen dar –, die mit dem geringen Lichtangebot und der Wärme in Wohnräumen langfristig gut zurechtkommen. Mit der Erschließung des Seewegs nach Indien und der Kolonisierung Amerikas gelangten viele Pflanzen nach Europa, die durch ihren natürlichen Standort im Schatten großer Tropenbäume an verhältnismäßig wenig Licht angepasst sind und sich so auch in Innenräumen wohlfühlen.

Die aus Südamerika stammenden Dieffenbachien etwa sind leicht zu handhabende Zimmerpflanzen. Der Botaniker Heinrich Wilhelm Schott benannte die Gattung nach Joseph Dieffenbach und ehrte damit dessen Wirken als Gärtner im Botanischen Garten der Universität Wien. Flamingoblumen, gleichfalls zu den Aronstabgewächsen zählend, sind ebenfalls beliebt. So etwa *Anthurium scherzerianum*. Benannt ist diese Art nach dem im vorigen Kapitel erwähnten Karl von Scherzer, der sie von seiner Weltreise mit der Novara mitbrachte. Mittlerweile erfreuen sich Zimmerpflanzenklassiker wie sie wieder wachsender Beliebtheit – das Phänomen des *Urban Jungles* lässt auch in vielen Wiener Wohnungen versteckte Paradiese entstehen.

Erst im 19. Jahrhundert erhoben sich zaghaft besorgte Stimmen, die sich kritisch über diesen biologischen Raubbau äußerten. Trotz veränderter rechtlicher Rahmenbedingungen ist koloniale Aneignung, Stichwort Biopiraterie, nach wie vor ein Thema. Nur die Methoden haben sich etwas geändert.

Im Wien des Biedermeier fühlten sich zwischenzeitlich Adel und wohlhabendes Bürgertum durch starke politische Einschränkungen mehr und mehr ins Private gedrängt. Sie widmeten sich vermehrt den Künsten, versuchten sich aber auch beim Sammeln botanischer Schätze gegenseitig zu übertrumpfen. 1827 stellten sie gemeinsam mit zahlreichen Handelsgärtnern bei der ersten Wiener Pflanzenausstellung ihre Gewächse aus. Selbst das Kaiserhaus war mit Exponaten vertreten. Die Wiener*innen strömten in das Palais Schwarzenberg – es war der Auftakt zur Gründung der Österreichischen Gartenbau-Gesellschaft. Schließlich wurde sogar eine eigene Halle für große Veranstaltungen errichtet. Die *Blumensäle*, die im Zweiten Weltkrieg Bombenschäden davongetragen hatten, wurden 1960 abgerissen. Heute erinnert das Gartenbaukino an dieser Stelle mit seinem Namen an die Pflanzen, die hier einst im Mittelpunkt standen.

Im Schlosspark Schönbrunn ist der botanische Schwerpunkt erhalten geblieben. Heute gibt es hier mehr als 14.000 verschiedene Pflanzenarten, unter anderem eine besonders umfangreiche, öffentlich aber nicht zugängliche Orchideensammlung. Manche der kultivierten Gewächse sind am Naturstandort mittlerweile sehr selten geworden, teils sogar völlig verschwunden. Auch die Schönbrunner Fockea galt lange Zeit als Letzte ihrer Art, wurde sogar bei der Pariser Weltausstellung im Jahr 1900 als lebendes Fossil präsentiert, bis einige Jahre später weitere Individuen am Naturstandort gefunden werden konnten.

GEMEINE ALRAUNE

(Mandragora officinarum), Nachtschattengewächse *(Solanaceae)*

Die Gemeine Alraune ist eine Pflanze, um die sich besonders viele Mythen ranken. Die botanische Bezeichnung *Mandragora officinarum* klingt wie eine Zauberformel und auch der Trivialname, hergeleitet vom althochdeutschen *Alrun* – die alle Runen kennt – erzählt eine Geschichte.

Die Gemeine Alraune ist ein ausdauerndes Gewächs, das den Großteil des Jahres im Boden verborgen bleibt, aber extravagant in Erscheinung tritt, wenn es seine üppigen Blattrosetten und etwas später seine blauvioletten, glockenförmigen Blüten hervorbringt. Die sonnengelben Alraunenfrüchte gelten schon seit langem als wirksames Aphrodisiakum. Das Sonderbarste an der Pflanze ist ihre Wurzel: länglich und von bizarrer, zeitweise anthropomorpher Form ist sie dazu prädestiniert, die menschliche Fantasie anzuregen. Schon in der Antike hatte sie große Bedeutung als Ritual- und Rauschmittel. Sie zählt zu den Nachtschattengewächsen und ist wie viele andere Mitglieder der Familie stark giftig. Gleichzeitig ist *Mandragora officinarum* eine der ältesten Arzneipflanzen der Menschheitsgeschichte und kam als Schmerz- und Schlafmittel zum Einsatz. Ab dem Mittelalter wurden ihre Wurzeln beinahe götzenartig verehrt. Teils kostbar gekleidet, galten sie bis in die frühe Neuzeit nicht nur als dämonenabwehrende Beschützer, man nahm auch an, sie würden ihre Eigentümer*innen reich und beliebt machen, deren Kinderwünsche erfüllen und ihnen hellseherische Kräfte verleihen.

Wer jetzt überlegt, wo in Wien diese Pflanze wachsen könnte, wird vermutlich enttäuscht sein. Die Gemeine Alraune gedeiht wild nur im Süden Europas und im Norden des afrikanischen Kontinents. Da Alraunenwurzeln in nördlichen Gefil-

Botanische Namen setzen sich aus der Gattungsbezeichnung an erster und dem sogenannten *Epitheton* an zweiter Stelle zusammen. Pflanzennamen sind mehrsprachige Gefüge: Latein und Griechisch, aber auch andere Sprachen finden Anwendung beim Benennen neuer Arten. Viele wissenschaftliche Bezeichnungen tragen das Artepitheton *officinalis* oder *officinale*. Seltener kommt *officinarum*, wie im Fall der Gemeinen Alraune, zur Anwendung. *Officine* bezeichnet im Französischen die Apotheke, das lateinische *officīna* die Werkstatt. Die Begriffe scheinen sich daher auf den Raum einer Apotheke zu beziehen, in dem Arzneimittel hergestellt werden, und verweisen so auf die medizinische Nutzung derart benannter Pflanzen.

den deshalb schwer zu beschaffen waren, nahmen sich in der Vergangenheit geschickte Fälscher des Vertriebs des begehrten Wundermittels an. Optisch geeignete Wurzeln von Zaunrübe, Ginseng, Allermannsharnisch oder ganz simpel der Karotte wurden getrocknet und bedarfsweise so zurechtgeschnitzt, dass sie eine menschenähnliche Figur annahmen. Erst Analysen neuerer Zeit identifizierten viele sogenannte Alraunenwurzeln als Fälschungen. So auch im Fall von *Thrudacias* und *Marion*. Diese beiden Alraunenwurzeln zählen zu den merkwürdigsten, aber auch charmantesten Objekten im Bestand der Österreichischen Nationalbibliothek. 1679 erstmals beschrieben, stammen sie mit großer Wahrscheinlichkeit aus der legendären Kunst- und Wunderkammer Kaiser Rudolfs II., dessen vielfältige Interessen nicht nur der Wissenschaft und Kunst, sondern auch der Alchemie galten. In den 1952 von Gustav Gugitz aufgezeichneten Sagen und Legenden der Stadt Wien findet sich auch ein Eintrag über das sonderbare Paar:

„Unter anderem erzählt man, dass sie wie kleine Kinder hätten müssen gebadet werden und zwar mit unverfälschtem Wein. Wenn dies

Gemeine Alraune
(Mandragora officinarum)

nicht geschehen, haben sie ein Geheul angefangen wie neugeborene Kinder, die erst vom Mutterleibe kommen, auch nicht eher nachgelassen, bis ihnen ihre ordentliche Pflege widerfahren ist.“[10]

Die Alraunenernte ist ein häufig wiederkehrendes Motiv in antiken und mittelalterlichen Schriften. Illustrierte Szenen zeigen, dass die Wurzeln keinesfalls eigenhändig geerntet werden

[10] Gugitz, 1952.

durften – ihr durchdringender Schrei würde ansonsten das unmittelbare Ableben zur Folge haben. Für die gefahrlose Ernte wurde empfohlen, die Pflanze stattdessen am Schwanz eines schwarzen Hundes festzubinden, der beim Herausziehen sein Leben einbüßen würde.

Eine frühe Beschreibung der Gemeinen Alraune findet sich im *Wiener Dioskurides*, einer wertvollen arzneikundlichen Sammelhandschrift der späten Antike, die ebenfalls in der Österreichischen Nationalbibliothek gehütet wird. Das Faksimile kann gegen Voranmeldung im atmosphärischen Ambiente des Augustinerlesesaals durchgeblättert werden. Den größten Teil des Werks nimmt ein alphabetisch geordnetes Bilderherbarium ein, das 383 Heilpflanzen zeigt und ihre medizinische Anwendung beschreibt: von Schwarzem Holunder und Eisenhut bis hin zur Erbse finden sich auch viele Protagonist*innen dieses Buchs in der pharmakologischen Handschrift wieder. Die ursprünglich enthaltenen Abbildungen der Alraune dürften allerdings bereits vor dem Mittelalter verloren gegangen sein. Auf drei kleinen Blättern ergänzt eine Abschrift samt Zeichnung den vermissten Text. Pedanios Dioskurides, oft als wichtigster medizinischer Autor seiner Zeit genannt, unterscheidet darin eine weibliche – *Thridakias* – und eine männliche – *Norion* – Alraunenform. Eine dritte führte er als *Marion* an. Die weibliche der beiden Wurzelwesen in der Nationalbibliothek ist daher nicht Marion, sondern Thrudacias. Über lange Zeit schienen die zwei in Vergessenheit geraten, bis man sie 1905, anlässlich des Internationalen Botanischen Kongresses, ausstellte. Zuletzt wurden sie 2018 im Prunksaal der Nationalbibliothek gezeigt. Aktuell entziehen sich Thrudacias und Marion wieder dem öffentlichen Blick und warten sorgsam verwahrt in ihren kleinen Holzkisten auf den nächsten großen Auftritt.

VIRGINISCHER TABAK

(Nicotiana tabacum),
Nachtschattengewächse *(Solanaceae)*

Nicotiana tabacum, der Virginische Tabak, ist die in wirtschaftlicher Hinsicht bedeutendste Art ihrer Gattung. Auch innerhalb Österreichs hat man sie einst großflächig kultiviert. In Wien findet man die Pflanzen heute da und dort verwildert, etwa auf Schutthalden oder brachliegenden Verkehrswegen. In Gärten und Parkanlagen schmücken verwandte Zierformen die Beete. Der Virginische Tabak ist eine einjährige Pflanze und erreicht stattliche Wuchshöhen von bis zu drei Metern. Auch die stängelumfassenden, ovalen Laubblätter von bis zu einem halben Meter Länge beeindrucken. Im Juli erscheinen die trichterförmigen, rosafarbenen Blüten, die in verzweigten Rispen stehen. Die gesamte Optik der Tabakpflanze macht neugierig und lädt dazu ein, sie zu betasten. Tatsächlich sollte man davon aber Abstand nehmen: Das in den Blättern eingelagerte Nikotin schützt die Pflanze vor Fraßfeinden und ist stark giftig. Die nerventoxische Wirkung der Pflanze ist aber nicht auf Insekten beschränkt und so kann bereits intensiver Hautkontakt zu äußerst unangenehmen Vergiftungserscheinungen führen. Trotz des enormen Abhängigkeitspotenzials und der zahlreichen gesundheitlichen Risiken gehören Tabakprodukte gegenwärtig noch immer zu den weltweit am häufigsten konsumierten Genussmitteln.

Die Ursprünge von *Nicotiana tabacum* finden sich in tropischen Gebieten Mittel- und Südamerikas, wo ihr schon in präkolumbischer Zeit religiöse Verehrung zukam und sie zu Heil- und Genusszwecken gekaut oder geraucht wurde. Der Mönch Romano Pane, ein Reisegefährte von Christoph Kolumbus, soll sie als erster Europäer beschrieben haben. Bald darauf begann ihre kontinentumspannende Erfolgsgeschichte. Anfangs vordergründig noch als Ziergewächs geschätzt, wurde das Rauchen von Tabak in Österreich zur Zeit des Dreißigjährigen Krieges üblich. Zunächst war die Droge bei Soldaten sehr gefragt, erfreute sich bald aber auch allgemeiner Beliebtheit. Die damit einhergehende Brandgefahr führte zeitnah zu den ersten Rauchverboten – nicht unbegründet, denn als 1668 die Hofburg in Flammen aufging, sah man unachtsames Rauchen als Ursache. Leopold I. sprach sich gegen das Tabakrauchen aus, vergab aber immer wieder Privilegien, da sich scheinbar ohnehin niemand an die Bestimmungen hielt. Tabak wurde aber nicht nur geraucht: Während sich der günstigere Kautabak vor allem in ärmeren Milieus verbreitete, war in der höheren Gesellschaft zur Zeit Maria Theresias Schnupftabak, oft in reich verzierten Dosen mitgeführt, en vogue. Lange galt bei Hof das Rauchen als tabu. Erst Kaiser Franz Joseph I. machte es salonfähig. Auch auf der Straße war es einst in vielen Teilen Wiens verpönt und öf-

---

Häufiger als auf die Tabakpflanze trifft man in Wien auf einen ihrer ebenfalls stark giftigen Verwandten: Der Gemeine Stechapfel, ursprünglich in Amerika beheimatet, fühlt sich in der Stadt sehr wohl. Immer wieder kann man ihn auch zwischen Sommerblumen und bunt blühenden Stauden entdecken. Von Mitarbeiter*innen der MA 42 erfährt man, dass die exotisch wirkenden Pflanzen mit den weiß strahlenden Trichterblüten keinesfalls absichtlich gepflanzt wurden. Möglichst bevor die stacheligen Kapselfrüchte mit ihren unzähligen kleinen Samen zur Reife gelangen, werden sie beherzt aus der Erde gezogen. Das Tragen von Handschuhen wird empfohlen, da das starke Pflanzengift ebenso wie beim Tabak über die Haut wirksam werden kann. Trotz ihrer Toxizität wird mit Stechapfel fallweise gerne als Rauschdroge experimentiert. Zum Wirkspektrum zählen neben Gedächtnis- und Sprachverlust auch Wahnvorstellungen – mitunter kann ein Stechapfel-Trip aber durchaus auch tödlich enden.

Virginischer Tabak *(Nicotiana tabacum)*

fentliches Rauchen wurde durch die Polizei teils strikt geahndet – Widerstand seitens der Bevölkerung führte dabei mitunter zu gewalttätigen Auseinandersetzungen. Erst die Revolution 1848 brachte die Aufhebung des öffentlichen Rauchverbots mit sich. Erst relativ spät, im ausgehenden 19. Jahrhundert, fanden Zigaretten allgemeinen Anklang bei den Wiener*innen – zuvor waren Pfeife und Zigarre üblich. Mit dem allgemeinen Siegeszug der Zigarette kamen auch die ersten Verkaufsautomaten in der Stadt auf, in der die wachsende Markenvielfalt angeboten wurde. Kommt die Rede auf den Vertrieb von Zigaretten, müssen auch die Trafiken Erwähnung finden: In Wien gibt es aktuell etwas mehr als 600 dieser oft sehr kleinen Geschäfte, die häufig neben Tabakwaren auch Zeitschriften oder Schreibutensilien anbieten.

Teils lässt sich die kulturgeschichtliche Bedeutung des blauen Dunstes nur erahnen: Das entspannte Gespräch beim gemeinsamen Rauchen oder die Möglichkeit, über eine Zigarette Kontakt zu Unbekannten zu knüpfen, haben vermutlich nicht nur im Kleinen vielfältigen Einfluss auf den Verlauf der Stadtgeschichte genommen. Heute ist das Rauchen in Wien jedenfalls nicht mehr so allgegenwärtig wie noch vor einigen Jahrzehnten. Teils erzwungenermaßen ist der Konsum rücksichtsvoller gegenüber Mitmenschen geworden. Neben Rauchverboten in Lokalen und öffentlichen Gebäuden tragen Vaporizer und E-Zigarette zu einer veränderten Art des Nikotinkonsums bei. Das kommt auch der Umwelt zugute, denn achtlos weggeworfene Zigarettenstummel können sich teils drastisch auf Pflanzenwachstum, Bodenleben und Gewässergüte auswirken.

ROSE

(Rosa sp.), Rosengewächse *(Rosaceae)*

Dämmerstunde im Volksgarten: Tagsüber war es sonnig und sehr warm, am späten Nachmittag setzte kurz leichter Regen ein. Im Mai, zur Hauptblütezeit vieler Rosen, ist der Duft im Park bei solchen Bedingungen überwältigend. Auch optisch fallen die Gewächse im fahler werdenden Abendlicht auf und leuchten dann besonders farbintensiv. Das Rosarium im Volksgarten wurde ab den 1930er-Jahren angelegt und zählt heute rund 400 verschiedene Sorten und mehrere tausend Einzelpflanzen unterschiedlicher Wuchsform. Die unzähligen Hochstammrosen der Anlage werden jedes Jahr gegen Mitte März von den Kaffeesäcken aus Jute befreit, die sie vor Frost schützen. Schilder mit persönlichen Widmungen weisen auf die Patenschaften hin, die für die Pflanzen übernommen werden können.

Kaiser Franz I. ließ den Volksgarten – den ersten, ausdrücklich der Bevölkerung gewidmeten Park der Stadt – ab 1821 errichten. Mehrmals vergrößert und mit Denkmälern ausgestattet, fällt besonders der klassizistische Theseustempel ins Auge. Eine weiße Marmorstatue zu Ehren Kaiserin Elisabeths befindet sich etwas versteckt an der Parkgrenze zum Burgtheater. Von hohen Sträuchern eingefasst, ist diese Ecke der gut besuchten Gartenanlage meist ein angenehm ruhiger Ort für die kontemplative Mußestunde. Häufig übersehen wird gleich in unmittelbarer Nähe ein architektonisches Element, dessen Errichtung auf Kaiser Franz Joseph zurückgeht und das aufgrund seiner Form von den Wiener*innen *Schwammerl* genannt wird. Es ist Teil eines ausgeklügelten Belüftungssystems, das die Gartenanlage unterirdisch mit dem Burgtheater verbindet und dort für frische, floral beduftete Luft sorgt.

Seitdem Menschen Rosen schätzen, spielen neben ihrer Schönheit auch Heilkraft und Duft der Pflanze eine Rolle – ihre ätherischen Öle wirken beruhigend und zugleich stimmungsaufhellend. Besonders intensiv riechen die Damaszener-Rosen. Duftende Rosen fanden in den Kochbüchern des 19. Jahrhunderts häufig Verwendung. Im *Appetit-Lexikon* von 1894 wird so von einem verlockenden Dessert berichtet, für das Rosenblüten in eine Mischung aus Eigelb, Zucker, Süßmandelbrei, Zimt und Zitronenabrieb getaucht und anschließend in Butter oder Schmalz herausgebacken werden. Aber nicht nur die Blüten der Rose riechen gut: Das Laub der Weinrose duftet nach reifen Äpfeln. Diese Wildart kommt auch in den naturnahen Räumen Wiens vor und bildet oft gemeinsam mit Hundsrosen lichte Gebüsche am Waldrand und auf Trockenwiesen.

Die Genese der Rosen begann vor vielen Millionen Jahren. Im Laufe der Zeit entstanden unzählige Wildarten. Mit dem Entstehen der ersten Hochkulturen holten Menschen Rosen in ihre Siedlungen – schon die hängenden Gärten der Semiramis in Babylon sollen sie geschmückt haben. Auf 7000 Jahre alten, aus China stammenden Tonscherben sind Blüten dargestellt, bei denen es sich mit großer Wahrscheinlichkeit um Rosen handelt. Während sie hier noch mit fünfzähligen Blüten abgebildet wurden, beschrieb der griechische Gelehrte Theophrast Formen mit bis zu hundert Kronblättern, was belegt, dass die in Gärten kultivierten Rosen schon damals gern mutierten und sich kreuzten, sodass viele neue Varianten entstanden. Durch die verbesserten Reisemöglichkeiten der Menschen nach dem Mittelalter gelangten immer mehr neue Sorten nach Europa. Die Leidenschaft Kaiserin Joséphines, die in ihrem Garten bei Paris Wildrosen und seltene Sorten sammelte, ließ auf dem gesamten Kontinent Begeisterung für die Zucht der edlen Gewächse aufkommen – tausende Sorten entstanden in dieser Epoche des *Rosenfiebers*.

Liebe, aber auch Dekadenz – keine andere Blume steht wohl mehr für diese Begriffe als die Rose. Kleopatra soll Marcus

Rose ‚Mariatheresia'

Ab den 1980er-Jahren erlebten alte Rosensorten eine Renaissance. Zeitgleich kamen viele Neuzüchtungen im alten Stil auf, auch *Nostalgierosen* genannt. Zu ihnen zählt ‚Mariatheresia', die auch im Volksgarten wächst. Romantisch verspielt wirken ihre dicht gefüllten, zartrosa Blüten – wie die Lagen eines opulenten Barockgewandes. Mit dezentem Duft blüht sie den ganzen Sommer über an üppig überhängenden Trieben. ‚Mariatheresia' entstammt dem Traditionshaus *Rosen Tantau* nahe Hamburg, das sich die Marke ‚Sissi' für zukünftige Züchtungen schon gesichert hat. Rosen werden über Stecklinge vermehrt und sind dadurch genetisch ident mit ihrer Mutterpflanze. Trifft man heute auf eine historische Sorte, kann es sein, dass sie bereits vor vielen hundert Jahren für Wohlgefallen sorgte.

Rosalia Amon:
Mädchen am Fenster.
1849, Wien Museum

Im Biedermeier waren Rosen sehr populär. Wie schon das *Mädchen am Fenster* zeigt, können auch Menschen ohne eigenen Garten Freude an Rosen haben. Durch die Wahl der passenden Wuchsform gedeihen sie selbst auf einem sonnigen Fensterbrett ausgezeichnet – an ungefüllten, ihren wilden Verwandten ähnelnden Sorten haben auch bestäubende Insekten ihr Vergnügen.

„Das Entfalten der Blüte ist für Pflanzen, die darauf angewiesen sind, bestäubt zu werden, überlebenswichtig. Zweck der auffälligen Blüten ist das Anlocken von Insekten […] sie legen es darauf an, wahrgenommen und verstanden zu werden.“[11]

Antonius in einem knietiefen Meer aus Rosenblüten empfangen haben. Nero wiederum ließ bei seinen Orgien in Rom durch Öffnungen in der Decke massenweise Rosenblüten auf seine Gäste

[11] Peters, 2015.

herabschneien. Zunächst mit heidnischen Riten verquickt, bekam die Rose auch in den monotheistischen Religionen ihren Platz und steht im Christentum für die Jungfrau Maria. Im mittelalterlichen Minnesang drückte sie aber weiterhin auch große zwischenmenschliche Gefühle aus – ferner in Literatur und Kunst an der Wende zum 20. Jahrhundert, nimmt etwa im *Rosenkavalier* eine zentrale Rolle ein und findet in Rainer Maria Rilkes Lyrik schwärmerische Erwähnung. Als ab den 1950er-Jahren leuchtend bunte Zuchtsorten mit perfekt geformten, aber oft duftlosen Blüten die Gärten eroberten und fragwürdige Produktionsmethoden auf dem Schnittblumensektor Einzug hielten, wurde die exquisite Rose zum Massenprodukt und büßte dabei etwas an Reiz ein. Ihre derart plakativ mit amourösen Angelegenheiten in Verbindung stehende Symbolik wird heute teils als übertrieben empfunden, deshalb manchmal sogar bewusst aus Hochzeitsschmuck verbannt. Doch abendliche Maispaziergänge im Volksgarten können durchaus versöhnlich wirken – kaum wehren kann man sich gegen den Zauber der Rose, dieser vermutlich ältesten aller Zierpflanzen.

KAKAOBAUM

(Theobroma cacao), Malvengewächse *(Malvaceae)*

Mit Marillenmarmelade bestrichen und Schokoladenglasur überzogen – die Sachertorte ist ein süßes Stück Wiener Stadtgeschichte. Franz Sacher soll sie in seiner Lehrzeit beim Fürsten Metternich erfunden haben. Wahrscheinlicher ist, dass er sie erst während einer Anstellung bei der Gräfin Esterházy kreierte. *„Zu jener Zeit erfand Sacher auch eine Chokoladetorte, welche seinen Gästen so gut mundete, daß sie täglich aufgetischt werden musste“*, heißt es im Wiener Tagblatt vom 20. Dezember 1906, in dem der damals neunzigjährige Sacher porträtiert wird. Sein Sohn Eduard machte eine Lehre beim Hofzuckerbäcker Demel. Dort dürfte er der Torte – mittlerweile existierte die Technik des *Conchierens*, eines speziellen Rührverfahrens, das die Herstellung cremiger Glasuren erlaubte – zu ihrer heutigen Form verholfen haben. Sie wurde demnach auch zuerst an dieser altehrwürdigen Adresse serviert und erst danach im später eröffneten Hotel Sacher. Nun wird es richtig kompliziert: Eduards Sohn verkaufte die Rechte an der Torte an Demel. Als die neuen Eigentümer des Hotel Sacher die Marke *Original Sacher-Torte* schützen ließen, entbrannte ein jahrelanger Rechtsstreit, in dessen Verlauf auch Friedrich Torberg, Stammgast in beiden Häusern, als Zeuge geladen wurde. Sein Text *Sacher* und *Widersacher* fand 1975 Eingang in die bereits an anderer Stelle zitierte *Tante Jolesch*. Schließlich konnte eine außergerichtliche Lösung gefunden werden. Seither gibt es neben der *Original Sachertorte* auch eine *Demel-Sachertorte*. Der Konflikt war ungemein öffentlichkeitswirksam und eine großartige Werbung sowohl für die Torte an sich als auch für die beiden Unternehmen. In Anlehnung an die streng gehüteten Rezepturen findet sich heute vermutlich in jeder Konditorei der Stadt eine entsprechende Schokoladentorte.

Wiens kulinarische Identität steht in enger Verbindung mit Schokolade und ihrem Ausgangsprodukt Kakao. Die ursprüngliche Heimat von *Theobroma cacao* liegt weit entfernt in den tropischen Regenwäldern des Amazonas. Bis zu fünfzehn Meter hoch wird der immergrüne Baum dort im Schatten der Urwaldriesen. Bereits präkolumbisch von den Olmeken domestiziert, wurde er später auch von den Maya und Azteken genutzt. Schon damals steigerte man die Erträge, indem der natürliche Lebensraum des Kakaobaumes mit höheren Vegetationsschichten als Schutz vor Wind und Sonne nachempfunden wurde. Gut vorstellen kann man sich das bei einem Besuch des Botani-

Kakaobaum
(Theobroma cacao)

schen Gartens der Universität Wien. Schulklassen können dort Workshops zum Thema Kakao besuchen, bei denen die Kinder selbst Schokolade herstellen, zunächst aber im Tropenhaus einen echten Kakaobaum besuchen, an dem sich hin und wieder auch Früchte bestaunen lassen. Weil diese sehr schwer werden, bildet *Theobroma cacao* seine winzigen weißen und rosa Blüten zu Tausenden direkt am Stamm oder an stärkeren Ästen. Nur wenige entwickeln sich zu reifen Früchten, die aufgeschnitten die Samen – Kakaobohnen genannt – enthüllen. Für die Gewinnung von Rohkakao werden Fruchtfleisch und Bohnen einige Tage fermentiert, anschließend getrocknet, teils geröstet und zu einer feinen Masse vermahlen.

Carl von Linné soll wegen des besonderen Dufts der gerösteten Kakaosamen als Gattungsnamen *Theobroma – Speise der Götter* – gewählt haben. Das passt auch zur Geschichte des Kakaos, denn in seiner Heimat war sein Genuss ursprünglich den Eliten vorbehalten. Unter der Beigabe von Wasser, Gewürzen wie Chili oder Vanille, oft auch Maisbrei und Honig, entstand ein stärkendes Getränk, das unter anderem Teil spiritueller Zeremonien sowie Opfer- und Grabbeigabe war. Die Spanier lernten es als Zeichen der Gastfreundschaft kennen. Es dauerte, bis sich der europäische Gaumen an den unbekannten Geschmack gewöhnte, bald stieg in der Alten Welt aber die Nachfrage. Auseinandersetzungen um die Anbaugebiete von Kakao hatten bereits vor dem Eintreffen der Eroberer die Geschichte Mittelamerikas geprägt. Als Kakao in Europa immer beliebter wurde, setzten sich die Konflikte zwischen den Kolonialmächten fort. Die Kakaopflanze gelangte schließlich in andere Überseeterritorien und gedeiht heute in Afrika ebenso wie in Asien.

Beruhigend, zugleich etwas anregend und darüber hinaus in vielerlei Hinsicht förderlich für die Gesundheit, wurde Kakao in Wien zunächst zu medizinischen Zwecken und als bekömmliches Heißgetränk konsumiert. Während die aufputschende Qualität des Kaffees morgens all jenen auf die Beine half, die früh aufstehen und teils hart arbeiten mussten, war Trinkschokolade – häufig mit Milch und Zucker angereichert – der kleine morgendliche Luxus jener gut Situierten, die ihre Tage geruhsam begannen. Im Wien des 18. Jahrhunderts entstand eine eigene kakaoverarbeitende Zunft. Bis die breite Masse Schokolade genießen konnte, sollte es aber noch Jahrzehnte dauern. Auf dem Weg dorthin kam dem Kakao die gesundheitsfördernde Wirkung weitgehend abhanden. Bis zu zwei Drittel der wertvollen Antioxidantien gehen durch die in der Verarbeitung übliche Alkalisierung verloren. Beigefügte Milch und Zucker verringern ihren Anteil noch weiter. Im Zuge der

Industrialisierung wurde Schokolade, nun häufig in Tafelform gegossen, endlich erschwinglicher. In dieser Zeit tritt auch das heute umsatzstärkste Süßwarenprodukt des Landes in Erscheinung: die mit Kakao-Haselnuss-Creme gefüllte Original Neapolitaner Schnitte. 1898 vom Firmengründer Josef Manner I. erfunden, trägt sie heute das Fairtrade-Siegel. Dass der günstige Preis eines beliebten Konsumguts auf Kosten der Rohstoff produzierenden Länder geht, ist erst in jüngerer Vergangenheit ins allgemeine Bewusstsein gerückt. Die Preise für Rohkakao sind nach wie vor niedrig, weshalb die meisten bäuerlichen Produzent*innen auch heute noch in Armut leben. Kakao und Schokolade aus nachhaltiger Herkunft zu kaufen, macht nicht nur deshalb Sinn, sondern unterstützt auch umweltfreundlichere Anbaumethoden.

Die Entstehung von Süßspeisen reicht gar nicht so weit in die Vergangenheit zurück, wie man vermutet: Bienenhonig schätzen die Menschen zwar schon lange, Zucker wurde aber erst durch die außereuropäischen Kolonien mit ihren Zuckerrohrplantagen relevant und anfangs sparsam eingesetzt. In Mitteleuropa tauchten die ersten süßen Rezepte in Kochbüchern des 15. Jahrhunderts auf. Bis ins 16. Jahrhundert oblag die Herstellung von Süßwaren in Wien den Apothekern, die bittere Arzneien aus Kräutern und Gewürzen mit Honig oder Zucker vermengten. Allmählich verloren sie ihren Sonderstatus und die Profession der Zuckerbäcker entwickelte sich. Dem Hof war Ende des 18. Jahrhunderts Süßes scheinbar besonders wichtig: Mit tausend Gulden Jahreslohn verdiente der oberste Zuckerbäcker fast dreimal so viel wie ein Chefkoch. Als Zucker im Laufe der Zeit, unter anderem wegen der lokal angebauten Zuckerrübe, immer erschwinglicher wurde, hielten Kuchen, Torten, Krapfen und süße Schmarrnrezepte Einzug in die Stadt. Diese haben sich trotz veränderter Ernährungsgewohnheiten in klassischen Gaststätten bis heute gehalten.

WEINBERG-TULPE

(Tulipa sylvestris), Liliengewächse *(Liliaceae)*

Gezieltes Kreuzen und Selektieren hat eine schier unüberblickbare Vielfalt an Gartentulpen hervorgebracht. Aktuell gibt es etwa 15.000 Sorten. Die rund hundert wilden Formen, auf die sie zurückgehen, wirken entsprechend bescheiden. Auch in Österreich kommt eine wilde Art vor – im März schiebt *Tulipa sylvestris* ihre glatten, blaugrünen Blattspreiten aus dem Boden. Pro Zwiebel entwickelt sich meist ein Blütenstand. In der Literatur wird die Weinberg-Tulpe als *blühfaul* beschrieben. Bei passenden Bedingungen erscheinen die zart duftenden, glockenförmigen Blüten üblicherweise zwischen April und Mai. An der Innenseite leuchtend gelb, außen teils grünlich oder rötlich überlaufen, öffnen sie sich bei Sonnenschein zu einem großen Stern. Bei trüb-feuchter Witterung und abends schließen sie sich wieder. Das Hauptverbreitungsgebiet der Weinberg-Tulpe liegt im Norden Griechenlands. In Österreich ist sie rar, wobei sie in Wien – etwa in Schönbrunn, im Botanischen Garten oder im Draschepark in Liesing – ihre reichsten Vorkommen hat. Mit großer Wahrscheinlichkeit ist *Tulipa sylvestris* aber keine heimische Pflanze im eigentlichen Sinn, sondern ein Kulturflüchtling. Dafür spricht, dass sie besonders häufig in alten Gärten und Parkanlagen zu finden ist, wo sie in der Vergangenheit gemeinsam mit anderen Zwiebelpflanzen gerne zur optischen Bereicherung der Grünanlagen eingebracht wurde. Auch heute bieten Gärtnereien *Tulipa sylvestris* zu diesem Zweck an.

Viele wilde Tulpenarten stammen aus Zentralasien. Von der Türkei ausgehend verbreiteten sich die Kulturformen in der ganzen Welt. Ogier Ghiselin de Busbecq, Mitte des 16. Jahrhunderts Gesandter am Hof in Istanbul, war scheinbar der Erste, der die Blume *Tulipan* nannte. Dass er nicht bei *lale*, der wahren türkischen Bezeichnung, blieb, beruht vermutlich auf ei-

Weinberg-Tulpe
(Tulipa sylvestris)

„Man kann die kulturgeschichtliche Bedeutung der Tulpe gar nicht überschätzen. Sie begleitete Händler und religiös Verfolgte auf ihren Wegen, regte neue Stilrichtungen der Kunst an, brachte Volkswirtschaften ins Wanken und Herrscher zu Fall.“

Ambra Edwards

Herzförmige, sattgrüne Laubblättchen und zahlreiche kleine, lippenförmige Blüten – eine schlichte, aber omnipräsente Schönheit in der Stadt. Auch das Zimbelkraut, eine mediterrane Pflanzenart, die den Küsten der Adria entstammt, war ursprünglich in Wien nicht heimisch. Ihre reizvolle Optik und das Vermögen, steinige, unwirtliche Standorte zu besiedeln, führten im 17. Jahrhundert dazu, dass sie zur Begrünung von Gemäuern eingebracht wurde. Dieses *Ansalben*, das Einführen gebietsfremder Pflanzen zur Bereicherung der heimischen Flora, wurde schon damals kritisiert, weil es als Irreführung verstanden wurde oder Sorge um die angestammten Arten bestand. Das Zimbelkraut kommt jedenfalls mit den heutigen Bedingungen hervorragend zurecht und tritt stellenweise sehr häufig auf. Spannend ist der Verbreitungsmechanismus der Pflanze: Während sich ihre gelb-lila Maskenblüten der Sonne zuwenden, verkriechen sich die Samenstände später förmlich zwischen Steinen oder in dunklen Mauerspalten. Dieser negative Phototropismus hilft der Art, die Samen dort zu deponieren, wo sie gut keimen.

nem Missverständnis. Vielleicht fragte er nach dem Namen der Blume am Turban eines Begleiters und erhielt als mutmaßliche Antwort *tulband* – Turban auf Türkisch. Häufig wird Busbecq die Verbreitung der Tulpe in Europa zugeschrieben, doch dürfte sie schon davor hier eingetroffen sein. In jedem Fall schickte er Tulpenzwiebeln an seinen Freund Carolus Clusius, der damals Direktor des Botanischen Gartens in Wien war und unter dem sich die Stadt zu einem bedeutenden Zentrum der Pflanzenwissenschaften entwickelt hatte. Für Blumenzwiebeln hegte Clusius eine besondere Begeisterung. Die bunten Frühblüher – neben Tulpen etwa auch Kaiserkronen oder Narzissen – brachten Farbe in die formalen Gärten jener Epoche und wurden dort teils wie wertvolle Juwelen präsentiert. Als Protestant musste Clusius im Zuge der Religionskonflikte die Stadt verlassen. Im niederländischen Leiden führte er seine züchterische Arbeit an den Tulpen fort. Während des sogenannten *Tulpenfiebers*, das ab 1634 in den Niederlanden grassierte, versuchte man sich mit der Züchtung immer neuer Sorten zu übertrumpfen. Tulpenzwiebeln wurden zu mobilem Kapital und besonders seltene nahmen gar den Wert von Immobilien an. Teils wurden sie an der Börse gehandelt, wenn sie noch in der Erde waren – und das, obwohl niemand wusste, ob und wie sie im folgenden Frühling blühen würden. Nach einigen Jahren kam es zum großen Krach und viele Händler verloren ihr Vermögen. Der Beliebtheit der Tulpe tat dies keinen Abbruch. Erst als der englische Landschaftsgarten in Mode kam, ging ihre Popularität zurück.

Wie auch viele ihrer wilden Verwandten fühlen sich langlebige Gartentulpen in steinigen, kargen Böden besonders wohl. Im öffentlichen Raum Wiens begegnet man ihnen daher teilweise auch in den gekiesten Rabatten, die in den letzten Jahren zusehends häufiger angelegt werden – in manchen dieser dauerhaften Mischpflanzungen mit Gräsern und Stauden setzen die Frühblüher zeitig im Jahr farbkräftige Akzente. Diese arbeitsextensive und ressourcenschonende Art der Beetgestaltung konnte sich in der Stadt gut etablieren. Vor allem leuchten Tulpen in Wien aber in den klassischen Wechselflorbeeten zwischen Narzissen und Stiefmütterchen: Jährlich ersetzen hier tausende Tulpenzwiebeln – 2023 waren es rund 690.000 – die traditionellen Sommerblumen, die im Herbst von den Wiener Stadtgärtner*innen aus den Beeten entfernt werden. Mit Reisig vor neugierigen Krähen geschützt, warten die Zwiebelpflanzen in der Erde auf wärmere Temperaturen und ihren großen Moment. Sobald die farbkräftigen Frühlingspflanzen verblüht sind, werden sie samt Zwiebel kompostiert und durch neue Sommerblumen ersetzt.

ECHTE VANILLE

(Vanilla planifolia), Orchideen *(Orchidaceae)*

Mürbteiggebäck in Halbmondform, noch heiß vom Blech genommen und vorsichtig in betörend duftendem Staubzucker gewendet – allein der Gedanke an Vanillekipferl erzeugt ein wohlig warmes Gefühl. Ihren Ursprung könnte die traditionelle Nascherei in Wien haben. Den türkischen Halbmond nachahmend, soll das Kipferl an sich im 17. Jahrhundert nach der osmanischen Belagerung der Stadt entstanden sein – eine häufig kolportierte Geschichte. Tatsächlich dürfte die Entstehung der Gebäckform aber deutlich weiter in die Vergangenheit zurückreichen. Wie fand nun aber die Vanille zum Kipferl? Vermutlich erst, als die chemische Synthese des beliebten Aromas gelang: Im ausgehenden 19. Jahrhundert wurde *Vanillin* in bürgerlichen Haushalten rasch zu einer unumgänglichen Zutat. Eines der ersten verschriftlichten Rezepte für Vanillekipferl im deutschen Sprachraum findet sich im viel zitierten Kochbuch von Katharina Prato. Die über Buchteln, Topfenpalatschinken und Apfelstrudel gegossene Vanillesauce oder ihre etwas flüssigere und besonders süße Version, die *Kanarienmilch*, die durch die verwendeten Eidotter farblich an das Gefieder der gelben Singvögel erinnert, waren nun fixer Bestandteil der Wiener Mehlspeisenküche. Wird in Gerichten echte Vanille verwendet, weisen kleine, dunkle Pünktchen – die winzigen Samen der Pflanze, teils auch ihre gemahlene Hülle – verlässlich darauf hin. Gourmets erkennen mitunter auch den ungleich komplexeren Geschmack des natürlichen Aromas.

Die Verwendung von Eigelb in vielen Vanillegerichten erklärt die häufige Assoziation des Gewürzes mit der Farbe Gelb, zugleich aber auch der Blick auf die Blütenblätter der aromaliefernden Pflanze: Die Echte Vanille ist ein Orchideengewächs und die einzige von Menschen kulinarisch genutzte Art dieser

Echte Vanille *(Vanilla planifolia)*

besonders umfangreichen Familie. Allein die Gattung *Vanilla* umfasst mehr als hundert verschiedene Spezies, die als Kletterpflanzen teilweise Ranken von über dreißig Meter Länge ausbilden. Ursprünglich stammt *Vanilla planifolia,* die Gewürzvanille, aus den tropischen Wäldern Mittelamerikas. Ihre Frucht und die enthaltenen Samen waren bei der indigenen Bevölkerung ein begehrtes Würzmittel. Der Aztekenherrscher Moctezuma II. soll jeden Tag Unmengen von mit Vanille gewürztem Kakao getrunken haben. Die stimmungsaufhellende Wirkung und der süße, schwere Duft begeisterten auch die spanischen Eroberer. Wegen der Form ihrer Früchte nannten sie die Pflanze *vainilla* – kleine Hülse – und brachten das Gewürz in ihre Heimat. Dort, teils in Gold aufgewogen, blieb es den besonders Wohlhabenden vorbehalten. Mexiko und Spanien als Mutterland hatten lange Zeit das Monopol auf die Vanille. Erst gegen Anfang des 19. Jahrhunderts gelang es, die begehrte Pflanze auch in anderen tropischen Anbaugebieten zu kultivieren, etwa auf der Île Bourbon, dem heutigen La Réunion, oder auf Madagaskar, das heute Hauptanbaugebiet ist.

Die Kultur der Gewürzpflanze war und ist noch immer sehr aufwändig. Ihre Blüten werden nur von Bienen der ursprünglichen Heimat der Gewürzvanille bestäubt. Um ernten zu können, muss deshalb mit kleinen Stäbchen händisch befruchtet werden. Noch dazu öffnen sich die einzelnen Blüten zeitlich versetzt und jeweils nur für einen Tag, weshalb permanente Kontrolle nötig ist. Hat es mit der Bestäubung geklappt, dauert es mehr als ein halbes Jahr bis zur Erntereife der bis zu dreißig Zentimeter langen, häufig als Schoten bezeichneten Früchte. Aus botanischer Sicht handelt es sich allerdings um Kapseln. Das besondere Aroma des dunklen, balsamischen Marks, das aus der Frucht gekratzt als exquisite Koch- und Backzutat dient, entwickelt sich erst im Zuge eines aufwändigen Verarbeitungsprozesses – ein zusätzliches Argument für die Hochpreisigkeit

Safran, eine der ältesten Kulturpflanzen der Menschheit, war im mittelalterlichen Wien eine bedeutende Feldkultur, die rund um die Stadt großflächig angebaut wurde. Die im Herbst zart lila blühende Krokusart dürfte von heimkehrenden Kreuzrittern aus dem Mittelmeerraum eingeführt worden sein. Wiener Safran war ein exquisites Würz- und Färbemittel, wurde aber auch medizinisch genutzt. Für ein Kilogramm Safran braucht es eine Anbaufläche von 2000 Quadratmetern. In mühseliger Handarbeit müssen aus jeder einzelnen Blüte die ziegelroten Narbenfäden gezogen werden. Klimaveränderungen und der hohe Arbeitsaufwand führten unter anderem dazu, dass ab dem 18. Jahrhundert der einst so lukrative Anbau in Wien zu Ende ging.

des Gewürzes. Missernten und Spekulation ließen die Preise in den letzten Jahren immer wieder ansteigen. Gleich nach Safran ist Vanille heute das zweitteuerste Gewürz der Welt. Zur Zeit der Genese des klassischen *Wiener Vanillerostbratens* konnten es sich nur gehobene Schichten leisten, weshalb in diesem Gericht Knoblauch, damals als *Vanille des kleinen Mannes* bekannt, das Aroma liefert.

Der Botanische Garten der Universität Wien beherbergt aktuell eine rund zwanzig Arten und mehr als hundert Individuen umfassende *Vanilla*-Sammlung – überwiegend vom ehemaligen Glashausleiter Anton Sieder zusammengetragen. Trotz Ruhestand führt er begeistert durch die Sammlung, zeigt auf einige Mitglieder der Gattung *Oeceoclades*, die schlangenhautartig bräunlich gefleckte Blätter tragen, oder auf blattlose, aus Südamerika stammende Vanille-Arten, die besonders gut mit Hitze und Trockenheit zurechtkommen. Ähnlich wie Efeu klettern letztere mit Haftwurzeln an den hohen, mit Kiefernrinde gefüllten Pflanzkörben hoch. Vorbei an jungen Baobab-Bäumen und Baumwollpflanzen geht es weiter zu *Vanilla imperialis*, mit besonders eindrucksvollen Blüten und schließlich zu mehreren Gewürzvanillen – zum Zeitpunkt des Besuchs leider allesamt blütenlos. Die eindeutige Bestimmung der Vanille-Arten ist häufig nur anhand von Blütenmerkmalen möglich. Manchmal dauert es viele Jahre, bis es soweit ist.

Die schönen, aber selten erscheinenden Blüten der Vanille-Orchideen haben es auch den Mitgliedern der Wiener Schule für Botanische Illustration angetan – manchmal sieht man die Künstler*innen im Garten bei der Arbeit. Die Illustration von Pflanzen hat in Wien eine lange Tradition: Damit auf Expeditionen in ferne Länder Pflanzenfunde detailgenau wiedergegeben werden konnten, ließ schon im 18. Jahrhundert der damalige Direktor Nikolaus Joseph von Jacquin Zeichner in der botanisch korrekten Darstellung von Pflanzen ausbilden. Trotz Fotografie ist die Illustration von Pflanzen im wissenschaftlichen Kontext auch heute noch unentbehrlich. Die Pflanze kann nicht nur in ihrer Ganzheit – von der Wurzel bis zum Blütenblatt – sondern auch mit all ihren charakteristischen Merkmalen zeitlich einander ablösender Stadien – von der Knospe bis zum Fruchtstand – gezeigt werden. Das geschulte Auge der Illustrator*innen ist dabei essenziell. Ihre Arbeit erfordert neben umfangreichem botanischem Wissen und dem richtigen Blick für Größenverhältnisse und Formen ein gutes Gespür für die passenden Farbnuancen. Wer Lust verspürt, sich in dieser Kunst zu üben, kann einen der Kurse im Botanischen Garten, die in Zusammenarbeit mit der legendären Margareta Pertl angeboten werden, besuchen. Das stundenlange Betrachten einer Pflanze und der Versuch, sie in ihrer Gestalt auf Papier zu bringen, kann durchaus ein meditatives Erlebnis sein.

FÄDIGE PALMLILIE

(Yucca filamentosa), Spargelgewächse *(Asparagaceae)*

Ein moderner Wohnhauskomplex in Erdberg: mehrstöckige Bauten, dazwischen teils großzügige, mit Stauden und Sträuchern gestaltete Grünflächen – daran vorbei führt der Schütte-Lihotzky-Weg, an dem an diesem Juniabend viele Menschen spazierend den Tag ausklingen lassen. Die Promenade entstand entlang einer stillgelegten Bahnlinie, und das merkt man ihr gegenwärtig noch deutlich an, denn stellenweise stößt man an ihren Rändern zwischen Holunder, Heckenrose und Sommerflieder auf rostige Gleisfragmente. Entlang des Pfades finden in Schotter, Kies und brüchigem Asphalt wildwachsende, an Trockenheit angepasste Spezialist*innen aus dem Pflanzenreich Lebensraum: Schafgarbe, Wegwarte und Natternkopf konnten sich hier beispielsweise gut etablieren. Zahlreiche Eselsdisteln mit silbrig schimmernden, dornigen Laubblättern haben eindrucksvolle Wuchshöhen erreicht. Jetzt am Abend leuchten ihre lila Blütenköpfe, die von Wildbienen und Schwebfliegen besucht werden, besonders kräftig. Lautes Zirpen verrät, dass auf den naturnahen Flächen auch andere Insekten Nahrung und Lebensraum finden. Die stillgelegte Gleisanlage ist ein wichtiges Habitat und zugleich Verbreitungskorridor für eine große Zahl von Tier- und Pflanzenarten.

In einer kleinen Parkanlage an der Ecke zur Lorenz-Reiter-Straße wird der von Ruderalflora bestimmte Grundcharakter des Promenadenweges gestalterisch aufgegriffen und mit Ziergewächsen neu interpretiert: Die Gasometertürme bilden die Kulisse für die gekieste, reich bepflanzte Fläche. Über mehrere Stege ist eine zentrale, mit Sitzgelegenheiten bestückte Holzplattform erreichbar. Einige Gehölze werfen stellenweise lichten Schatten. Jetzt im frühen Sommer ist Gelb die vorherrschende Farbe. Großflächig blühen Nachtkerze und Mädchenauge, umspielt von weichen, blau-grauen Akzenten, die Schleierkraut, Blauraute und Indigolupine schaffen. Optisch besonders auffällig ist *Yucca filamentosa*, die Fädige Palmlilie – über und über mit cremeweißen Blüten besetzt, fackelartig weit über die anderen Gewächse hinausragend. Das Attribut fädig erklärt sich bei der Betrachtung der langen, kantigen Laubblätter, an deren Rändern sich feine Fasern ablösen. Genau wie *Yucca filamentosa*, deren ursprüngliche Heimat im Südosten der USA liegt, wo sie bevorzugt in sandigen Böden nahe der Atlantikküste gedeiht, stammen viele der in Wien verwendeten Zierpflanzen aus Nordamerika. Mehr und mehr finden sie

---

Optisch ähnlich beeindruckend wie *Yucca filamentosa*, wenn auch weniger trockenverträglich, tritt das Indische Blumenrohr auf. Die imposante Prachtstaude gehört seit Jahrhunderten zum Zierpflanzensortiment der Stadt und schmückte bereits zu Beginn des 18. Jahrhunderts den Garten des Belvederes. Ihr Trivialname verweist auf ihr Vorkommen auf den Westindischen Inseln. Mit Beginn der Kolonisation Amerikas gelangte sie nach Europa und fand hier als Zierpflanze Anklang, verbreitete sich aber wegen hoher Temperaturansprüche erst in wärmeren Regionen. Die Nutzung ihres stärkereichen Rhizoms als Nahrungsquelle, wie in Teilen Südamerikas üblich, setzte sich in Europa nicht durch. Dafür dienten ihre Samen zur Rosenkranzherstellung und als Schrotmunition. Später wurde die nicht winterharte *Canna indica* auch nördlich der Alpen als Topfpflanze beliebt. Besonders Ende des 19. Jahrhunderts zierten ihre roten, orangen oder gelben Blüten eindrucksvolle Gruppenpflanzungen. Noch heute werden in Wien nach den letzten potenziellen Spätfrösten Mitte Mai vorgetriebene Pflanzen, die den Winter unter Glas verbracht haben, in Parks und Gärten ausgesetzt und sorgen dort für imperiales Flair.

Fädige Palmlilie
(Yucca filamentosa)

„Wir verfügen über ein Lustempfinden an der Welt, das über unsere funktionalen Interessen hinausgeht. So gesehen sind Blumen also der Gegenentwurf zum Prinzip des Nutzens.“ — *Silke Peters*

Eingang in die städtische Grünraumgestaltung. Die mit ihnen bepflanzten Flächen fallen zunächst auf, weil die Erde, in die gesetzt wird, mit Sand und Kies abgemagert wird, um den Gewächsen das passende Substrat zu bieten. Diese brauchen meist etwas Zeit, um sich in diesen sogenannten *Prärie*- oder *Steppenpflanzungen* gut zu etablieren und optisch Anklang zu finden, bieten aber viele Vorteile: Sie bedürfen wenig Pflege und kommen hervorragend mit trockenen, heißen Phasen zurecht – die Parkanlage in der Lorenz-Reiter-Straße kommt so ohne jegliche Bewässerung aus. Eine Fülle an Stauden, Zwiebelpflanzen und Gräsern steht für bunte Mischpflanzungen dieser Art zur Verfügung.

Die Beete sind nicht nur optisch eine Bereicherung, sondern wirken sich auch positiv auf die Biodiversität aus, denn die verwendeten Arten sind in der Stadt eine wichtige Nahrungsquelle für Vögel und Insekten – Schönheit mit Mehrwert.

ANHANG

EMPFOHLENE APPS UND PLATTFORMEN

floraincognita.de
flora.nhm-wien.ac.at
gartenernte.at
inaturalist.org
jacq.org
mundraub.org
plantnet.org

ARTENVERZEICHNIS

ABBILDUNGSVERZEICHNIS

GLOSSAR

Alkaloide

Organische Verbindungen überwiegend pflanzlichen Ursprungs mit spezifischer Wirkung auf tierische Organismen. Viele der häufig bitter schmeckenden Stoffe sind daher auch für Menschen sehr giftig. Manche dienen als Arzneimittel, etliche haben eine berauschender Wirkung.

Analgetikum

Ein Arzneistoff, der eine schmerzlindernde oder schmerzstillende Wirkung aufweist.

Anthocyane

Wasserlösliche Pflanzenfarbstoffe, die Blüten und Früchten eine rote, violette oder blaue Färbung verleihen.

Archäophyt

Pflanzenart, die vor dem Beginn der Neuzeit im Gefolge des Menschen ein ursprünglich fremdes Gebiet für sich erschlossen hat.

Artepitheton

Der zweite, mit kleinem Anfangsbuchstaben geschriebene Namensteil eines biologischen Artnamens. Bei *Poa annua* etwa ist *annua* das Artepitheton, während *Poa* die Gattung bezeichnet.

Bedecktsamer

Pflanzen, deren Samenanlagen im Fruchtknoten eingeschlossen sind.

Biopiraterie
Die unrechtmäßige Inbesitznahme genetischer Ressourcen beziehungsweise des damit verbundenen traditionellen Wissens.

Blattspreite
Der flächige Teil eines Laubblattes, der oberhalb des Stiels sitzt.

Bummerl
Ein kleines, rundliches Ding.

Cuticula
Eine wachsartige Schicht, die Epidermiszellen, beispielsweise das Abschlussgewebe von Blättern, überzieht. Sie schützt vor Wasserverlust und hat stabilisierende Wirkung.

Einjährige Pflanze
Krautige Pflanze, die von der Keimung bis zur Ausbildung der Samen nur eine Vegetationsperiode benötigt und anschließend abstirbt.

Englischer Landschaftsgarten
Eine Gartengestaltungsform, die sich im England des 18. Jahrhunderts entwickelte. Im Gegensatz zum damals vorherrschenden, streng geometrisch gestalteten Barockgarten ahmt er die malerische Qualität der Natur nach.

Extensive Bewirtschaftung
Die landwirtschaftliche Nutzung von Böden mit verhältnismäßig geringen menschlichen Eingriffen. Kennzeichnend ist neben einem verminderten Kapital- und Arbeitseinsatz auch die reduzierte Anwendung von Düngemitteln und Pestiziden.

Flora
Die Pflanzenwelt eines spezifischen Gebietes.

Fruchtstand
Die Gesamtheit der Früchte, die aus einem Blütenstand hervorgegangen sind.

Gehölz
Ausdauernde, verholzende Pflanze. Zu den Gehölzen zählen neben Bäumen auch Sträucher und Lianen.

Hackfrucht
Eine in Feldkultur angebaute Pflanze, bei der in der Wachstumszeit der Boden in der Regel mehrmals durch Hacken gelockert wird. Klassische Beispiele sind Rübe oder Erdapfel.

Herbarium
Eine systematisch angelegte Sammlung gepresster und getrockneter Pflanzen.

Höhere Pflanzen oder Gefäßpflanzen
Pflanzen, die spezialisierte Leitbündel für den Transport von Wasser und Nährstoffen besitzen.

Hyphen
Die fadenartigen Vegetationsorgane bei Pilzen.

Infloreszenz oder Blütenstand
Jener Teil des Sprossachsensystems von Samenpflanzen, der die Blüten trägt.

Insektizid

Ein Pestizid, das speziell für die Vergrämung oder Tötung von Insekten Anwendung findet.

Kartierung

Bei einer floristischen Kartierung werden die Pflanzenarten in einem definierten Gebiet erhoben.

Kronblatt

Ein Blatt der inneren Blütenhülle bei bedecktsamigen Pflanzen.

Laubblatt

Die in Form und Größe variierenden, an der Sprossachse sitzenden Organe höherer Pflanzen, die der Photosynthese dienen und für gewöhnlich als Blatt bezeichnet werden.

Mulchen

Das vor allem im biologischen Gartenbau übliche Bedecken des Bodens mit organischem Material. Hierzu werden etwa Laub, Stroh oder Grasschnitt verwendet.

Neophyt

Pflanze, die mit direkter oder indirekter Hilfe des Menschen nach 1492 neue Gebiete besiedelt hat.

Parterre

Aus dem Französischen entlehnt *(par terre* – zur Erde), bezeichnet dieser Begriff in der Gartenkunst das flache, bepflanzte Gelände, das einem Gebäude vorgelagert ist.

Photosynthese
Der essenzielle Vorgang in grünen Pflanzen, bei dem unter Lichteinwirkung Wasser und Kohlendioxid in Zucker und Sauerstoff umgewandelt werden.

Pionierpflanze
Pflanze, die aufgrund ihrer Anpassung neue, noch vegetationsfreie Gebiete besonders erfolgreich besiedelt.

Plant blindness
Die Unfähigkeit des Menschen, Pflanzen im Alltag bewusst wahrzunehmen.

Pomologie
Die Lehre vom Obstbau und der Vielfalt an Obstsorten.

Pyrethrine
Bezeichnen eine Gruppe von Naturstoffen mit insektizider Wirkung, die von verschiedenen Chrysanthemen-Arten gebildet werden.

Saponine
Oberflächenaktive Substanzen, die in Wasser gelöst Schaum bilden und eine sanft reinigende Wirkung haben.

Schossfestigkeit
Im Gemüsebau werden jene Sorten als schossfest bezeichnet, die später zur Blüte kommen, dadurch weniger in die Höhe schießen und länger eine kompakte Form behalten.

Sommerblumen
Ein Begriff gärtnerischen und floristischen Ursprungs, der kurzlebige Arten bezeichnet, die nur einen Sommer lang blü-

hen, um nach der Samenreife abzusterben. Ebenfalls werden häufig Zierpflanzen so bezeichnet, die zwar in ihrer ursprünglichen Heimat mehrere Jahre alt werden, aufgrund ihrer Anforderungen an das Klima aber die Kälte- oder Frostperioden der gemäßigten Zonen nicht überdauern können.

Sprossachse
Das Organ einer Pflanze, das Blätter und Blüten mit dem Wurzelsystem verbindet und gemeinhin als Stängel bezeichnet wird. Auch die Begriffe Halm, Stamm und Ast lassen sich der Sprossachse zuordnen.

Staubblatt
Das pollenerzeugende Organ männlicher oder zwittriger Blüten.

Staude
Ausdauernde, oberirdisch nicht verholzende Pflanze, die in der Regel nach einer Vegetationsperiode an der Oberfläche abstirbt, um im Folgejahr aus dem Wurzelstock wieder neu auszutreiben.

Steckling
Bei der Pflanzenvermehrung durch Stecklinge wird ein Teil einer Pflanze abgetrennt, der Wurzeln ausbilden kann und in der Folge zu einer neuen und eigenständigen Pflanze heranwächst.

Umami
Neben süß, sauer, salzig und bitter ist umami die fünfte Geschmacksqualität der menschlichen Zunge, die zumeist als herzhaft oder fleischig schmeckend beschrieben wird.

Varietät

Eine sekundäre Rangstufe in der Botanik zur Bezeichnung von Populationen, die sich nur in geringem Grad vom Typus, also vom Referenzbeleg einer Art, unterscheiden.

Zweijährige Pflanze

Krautige Pflanze, die innerhalb zweier Vegetationsperioden keimt und bis zur Samenreife gelangt.

QUELLEN

und weiterführende Literatur

Abercrombie, John (1792) Der Treibhausgärtner. *Über die Kultur der Ananasse, Weintrauben, Pfirsiche, Nektarinen, Melonen, frühen Erdbeeren und anderer auserlesener Früchte und Obstarten.* Stahel, Wien.

Adler, Wolfgang und Alexander Ch. Mrkvicka (2003) *Die Flora Wiens gestern und heute. Die wildwachsenden Farn- und Blütenpflanzen in der Stadt Wien von der Mitte des 19. Jahrhunderts bis zur Jahrtausendwende.* Verlag des Naturhistorischen Museums, Wien.

Anderson, Edward F. (2011) *Das große Kakteenlexikon.* Ulmer, Stuttgart.

Anzenberger, Judith et al. (2023) *Bericht zur Drogensituation 2023.* Gesundheit Österreich, Wien.

Arndorfer, Michaela (2004) *Bluza, Köch & Umurken. Auf den Spuren traditioneller Gemüsesorten in Österreich.* Arche Noah, Schiltern.

Aumüller, Stephan (1966) *Das Güllwurzel-Einziehen. Ein volkstümliches Heilverfahren bei Tieren im Burgenland.* Wissenschaftliche Arbeiten aus dem Burgenland, 035: 291–312.

Baiculescu, Michael (2015) *Marone/Esskastanie.* Mandelbaum, Wien.

Barth, Fritz-Eckhart (1999) *Das Ritschert, eine urzeitliche Reminiszenz.* Archäologie Österreichs, Wien 10/2: 54–58.

Baumgartner, Thomas et al. (2018) *Über Orangen und Zitronen.* Österreichische Gartenbau-Gesellschaft, Wien.

Bäumler, Siegfried (2012) *Heilpflanzen Praxis heute.* Band 1 Arzneipflanzenporträts. Urban & Fischer, München.

Bell, Jared L. et al. (2015) *Genetic and Biochemical Evaluation of Natural Rubber from Eastern Washington Prickly Lettuce (Lactuca serriola L.).* Journal of Agricultural and Food Chemistry 63 (2): 593–602.

Bellmann, Heiko (2009) *Der neue Kosmos Schmetterlingsführer: Schmetterlinge, Raupen und Futterpflanzen.* Kosmos, Stuttgart.

Berger, Roland und Friedrich Ehrendorfer (2011) *Ökosystem Wien. Die Naturgeschichte einer Stadt.* Böhlau, Wien.

Berger, Walter (1955) *Die altpliozäne Flora des Laaerbergs in Wien.* Palaeontographica Abt. B, 97, Liefg. 1–3: 81–113.

Bettauer, Hugo (1923) *Der Kampf um Wien.* Ein Roman vom Tage. Verlag des Tag.

Beuchert, Marianne (1995) *Symbolik der Pflanzen: Von Akelei bis Zypresse.* Insel Verlag, Frankfurt.

Biró, Michael (1927) *Schönbrunner Kakteen.* In: Die Bühne, Nr. 126: 21.

Blasl, Klaudia (2019) *111 tödliche Pflanzen, die man kennen muss.* Emons, Köln.

Blind, Sofia (2023) *Historische Rosen. Sorten, Geschichte, Gartentipps.* Dumont, Köln.

Breuss, Othmar und Dagmar Lanner (2021) *Eine qualitative Aufnahme von Flechten am Donaukanal in Wien.* Österreichische Zeitschrift für Pilzkunde 29: 69–83.

Breuss, Susanne (2023) *Pomeranzenhäuser und Lemonimenscher. Zur Geschichte der Zitrusfrüchte in Wien.* Wien Museum Magazin, https://magazin.wienmuseum.at/zur-geschichte-der-zitrusfruechte-in-wien (abgerufen am 3.6.2024).

Breuss, Susanne (2023) *Verjazzte Botanik. Die Kakteenmode der Zwischenkriegszeit.* Wien Museum Magazin, https://magazin.wienmuseum.at/die-kakteenmode-der-zwischenkriegszeit (abgerufen am 7.9.2024).

Bröderbauer, David (2023) *Die Halbe Welt.* Milena Wien.

Brunner, Karl und Petra Schneider (2005) *Umwelt Stadt. Geschichte des Natur- und Lebensraumes Wien.* Böhlau, Wien.

Chwedorzewska, Katarzyna Joanna et al. (2015) *Poa annua L. in the maritime Antarctic: an overview.* Polar Record 51(6): 637–643.

Crantz, Heinrich Johann Nepomuk von (1769) *Stirpium Austriarum Fasciculus.* Editio Altera Aucta. ed. 2. 2(4): 333. Wien.

Derndorfer, Eva (2020) *Erbse.* Mandelbaum, Wien.

Derndorfer, Eva (2019) *Vanille.* Mandelbaum, Wien.

Dioskurides, Pedanios und Julius Berendes (1902) *Arzneimittellehre des Pedanios Dioskurides aus Anazarbos. In fünf Büchern.* Übersetzt und mit Erklärungen versehen von Prof. Dr. J. Berendes. Verlag von Ferdinand Enke, Stuttgart.

Düll, Ruprecht und Barbara Düll-Wunder (2022) *Die Moose Mitteleuropas. Bestimmung und Beschreibung der wichtigsten Arten.* Quelle & Meyer Verlag, Wiebelsheim.

Dünnebier, Anna und Gert von Paczensky (1999) *Kulturgeschichte des Essens und Trinkens.* Orbis Verlag, München.

Edwards, Ambra (2022) *Pflanzenjäger. Wie exotische Pflanzen in unsere Gärten kamen.* Gerstenberg, Hildesheim.

Eicheiter-Sennhauser, Ida (1986) *Der „Waschl" — ein bäuerliches Putz- und Scheuerinstrument aus vergangenen Zeiten. Seine Herstellung und Verwendung.* Wissenschaftliche Mitteilungen Niederösterreichisches Landesmuseum.

Erös, Margaret et al. (2021) *Wildblumen der Lobau.* Erös, Wien.

Fansa, Jonas und Gernot Katzer (2007) *picantissimo. Das Gewürzhandbuch.* Verlag Die Werkstatt, Berlin.

Feyzabadi, Zohre et al. (2014) *Efficacy of Viola odorata in Treatment of Chronic Insomnia.* Iran Red Crescent Med J.

Fischer, Doris (2017) *Flechten, Färben, Schnitzen. Werken und Bushcraft mit Pflanzen aus Wald und Wiese.* AT Verlag, München.

Fischer, Manfred A. et al. (2008) *Exkursionsflora für Österreich,* Liechtenstein und Südtirol. OÖ Landesmuseum, Linz.

Fischer, Manfred A. und Arndt Kästner (2008) *Porträts ausgewählter seltener österreichischer Gefäßpflanzenarten (III): (16) bis (30).* Neilreichia 5: 131–172.

Fischer, Ludwig (2017) *Brennnesseln. Naturkunden.* Matthes und Seitz, Berlin.

Fischer, Margot (2021) *Wilde Genüsse.* Mandelbaum, Wien.

Fischer, Margot (2018) *Kakao.* Mandelbaum, Wien.

Fischer, Margot (2016) *Holunder.* Mandelbaum, Wien.

Fischer, Margot (2016) *Pastinak.* Mandelbaum, Wien.

Francé, Raoul Heinrich (2021) *Die Pflanze als Erfinder.* Czernin, Wien.

Frei, Jonas (2022) *Stadtwildpflanzen. 52 Ausflüge in die urbane Pflanzenwelt.* AT Verlag, München.

Freud, Sigmund (1999) *Die Traumdeutung. Reproduktion der 1900* im Verlag Deuticke, Leipzig und Wien erschienenen Erstausgabe. S. Fischer, Frankfurt.

Freud, Sigmund (1885) *Über Coca.* Verlag von Moritz Perles.

Gadebusch, Bondio Mariacarla (1995) *Weibliche Gelehrsamkeit im Italien des Quattrocento. Caterina Sforza Riario und ihre Experimenti* (um 1490). In: Renate Kroll und Margarete Zimmermann: *Feministische Literaturwissenschaft in der Romanistik.* J.B. Metzler, Stuttgart.

Galle, Patrizia (2012) *Die Elsbeere. Der Baum des Jahres 2012.* Kuratorium Wald, Wien.

Gegenhuber, Barbara (2019) *Drogen. Vorurteile, Mythen, Fakten.* Falter Verlag, Wien.

Genaust, Helmut (2012) *Etymologisches Wörterbuch der botanischen Pflanzennamen*. Nikol Verlag, Hamburg.

Gerstinger, Hans (1970) *Dioscurides. Codex Vindobonensis Med. Gr. 1 der Österreichischen Nationalbibliothek. Kommentarband zu der Faksimileausgabe*. Akademische Druck- und Verlagsanstalt, Graz.

Griebl, Norbert (2020) *Kosmos Naturführer – Neophyten*. Franckh-Kosmos Verlag, Stuttgart.

Griebl, Norbert (2015) *Orchideenwanderungen in Österreich*. Leopold Stocker Verlag, Graz.

Grömer, Karina et al. (2013) *Textiles from Hallstatt. Woven culture from Bronze and Iron Age salt mines / Textilien aus Hallstatt. Gewebte Kultur aus dem bronze- und eisenzeitlichen Salzbergwerk*. Archaeolingua 29, Budapest.

Gugitz, Gustav (1952) *Sagen und Legenden der Stadt Wien*. Verlag Brüder Hollinek, Wien.

Gugitz, Gustav (1940) *Das Wiener Kaffeehaus. Ein Stück Kultur- und Lokalgeschichte*. Deutscher Verlag für Jugend und Volk, Wien.

Haag, Stefan (2010) *Liebeskraut und Zauberpflanzen. Mythen, Aberglauben, heutiges Wissen*. Kosmos, Stuttgart.

Habs, Robert und Ludwig Rosner (1894) *Appetit-Lexikon. Ein alphabetisches Hand- und Nachschlagebuch über Speisen und Getränke. Zugleich Ergänzung eines jeden Kochbuchs*. Karl Gerold's Sohn, Wien.

Harzhauser, Mathias und Thomas Hofmann (2024) *Wien am Sand. Von Prinz Eugen und der Seekuh in Ottakring. Eine Zeitreise durch Wiens geologische Vergangenheit*. Verlag des Naturhistorischen Museums, Wien.

Haslinger, Ingrid (2018) *Die Wiener Küche. Kulturgeschichte und Rezepte*. Mandelbaum, Wien.

Hasmann, Gabriele und Sabine Wolfgang (2022) *Das Wilde Wien. Grüne Oasen & urbane Wildnis in der Großstadt entdecken*. Styria, Graz.

Hegenauer, Wilhelm (1900) *Neueste Blumensprache, oder die Kunst mit Hilfe der Blumen und deren Bedeutung einer anderen Person jede gewünschte Mitteilung zu machen*. Wien.

Heistinger, Andrea (2010) *Handbuch Bio-Gemüse. Sortenvielfalt für den eigenen Garten*. Löwenzahn, Innsbruck.

Heistinger, Andrea (2003) *Handbuch Samengärtnerei. Sorten erhalten. Vielfalt vermehren. Gemüse genießen*. Löwenzahn, Innsbruck.

Herre, Hans (1949) *Oldest and Most Famous Succulent in Europe*. The Cactus and Succulent Journal of Great Britain 11 (2): 30–31.

Herrera, Carlos M. und María I. Pozo (2010) *Nectar Yeasts Warm the Flowers of a Winter-Blooming Plant*. Proceedings of the Royal Society. B, Biological Sciences 277(1689): 1827–1834.

Hielscher, Kej und Renate Hücking (2012) *Pflanzenjäger. In fernen Welten auf der Suche nach dem Paradies*. Piper, München.

Hlavac, Christian (2022) *Für Zimmer- und Fenstergärten. Wiens erste Blumenhandlungen*. Wien Museum Magazin, https://magazin.wienmuseum.at/wiens-erste-blumenhandlungen (abgerufen am 15.8.2024).

Hlavac, Christian (2021) *Rückzug hinter den Gartenzaun. Mythos Biedermeiergarten*. Wien Museum Magazin, https://magazin.wienmuseum.at/mythos-biedermeiergarten (abgerufen am 19.09.2024).

Hofmann-de Keijzer, Regina (2023) *Färben*. In: Karina Grömer: *Prähistorische Textilkunst. Die Entwicklung der Textiltechnik und der Bekleidung in Zentraleuropa*. Mit Beiträgen von Regina Hofmann-de Keijzer (Färben) und Helga Rösel-Mautendorfer (Nähen und Schneidern). Naturhistorisches Museum, Wien

Hofmann-de Keijzer, Regina et al. (2012) *Hallstattfarben: Textile Verbindungen zwischen Forschung und Kunst*. Verlag Naturhistorisches Museum, Wien.

Hofmann, Regina (1992) *Färbepflanzen und ihre Verwendung in Österreich*. Verh. Zool.-Bot. Ges. Österreich 129: 227–269.

Holzner, Wolfgang et al. (1994) *Unkräuter. Begleiter und Freunde des Menschen*. Grüne Reihe des Bundesministeriums für Umwelt, Jugend und Familie, Styria Medien Service, Graz.

Institut Botanische Sammlungen und Archiv der Österreichischen Bundesgärten (2024) *Schriftliche Mitteilung zu Cereus peruvianus var. monstrosus* vom 30.08.2024.

Jaeger, Sara R. et al. (2013*) A Mendelian trait for olfactory sensitivity affects odor experience and food selection*. Curr Biol. 23(16): 1601–1605.

Janchen, Erwin (1977) *Flora von Wien, Niederösterreich und Nordburgenland*. Verein für Landeskunde von Niederösterreich und Wien, Wien.

Januschkowetz, Michael (2017) *Kakteen und Sukkulenten. Die häufigsten Arten, deren Vermehrung und Pflege*. Quelle und Meyer, Wiebelsheim.

Karagoz, Ali und Ali Aslan (2005) *Antiviral and cytotoxic activity of some lichen extracts*. Biologia 60: 281–286.

Karim, Nasiara et al. (2018) *Antidepressant potential of novel flavonoid derivatives from sweet violet (Viola odorata): Pharmacological, biochemical and computational evidence for possible involvement of serotonergic mechanism.* Fitoterapia 128: 148–161.

Kerner, Marilaun Anton von (1898) *Pflanzenleben 2. Die Geschichte der Pflanzen.* Bibliographisches Institut, Leipzig und Wien.

Kimmerer, Robin Wall (2022) *Das Sammeln von Moos. Eine Geschichte von Natur und Kultur.* Matthes und Seitz, Berlin.

Kimmerer, Robin Wall (2019) *Geflochtenes Süßgras. Die Weisheit der Pflanzen.* Aufbau, Berlin.

Klein, Cristina-Estera und Birgit Lahner (2022) *Botanische Spaziergänge. 11 Routen durch die Welt der Wiener Pflanzen und ihre Geschichte.* Falter Verlag, Wien.

Kobayashi, Sawa et al. (2008) *Anti-herbivore Structures of Paulownia tomentosa: Morphology, Distribution, Chemical Constituents and Change During Shoot and Leaf Development.* Annals of Botany 101: 1035–1047.

Koszteczky, Gertraud (2007) *Die Geschichte der Wiener Grünflächen im Zusammenhang mit dem sozialen Wandel ihrer Benützer*innen,* Dissertation an der Universität Wien.

Kowarik, Ingo (2003) *Biologische Invasionen. Neophyten und Neozoen in Mitteleuropa.* Ulmer, Stuttgart.

Kranz, Isabel (2021) *Sprechende Blumen. Ein ABC der Pflanzensprache.* Naturkunden, Matthes und Seitz, Berlin.

Lahner, Birgit (2017) *Bio-Gärtnern am Fensterbrett. Wie auf kleinstem Raum das ganze Jahr Gemüse, Kräuter, Salate und Obst wachsen.* Löwenzahn, Innsbruck.

Lahner, Birgit (2016) *Bio-Feigen aus Wien.* Lebensart Juli/August: 34–37.

Lietzmann, Hilda (1987) *Das Neugebäude in Wien. Sultan Süleymans Zelt – Kaiser Maximilians II. Lustschloss. Ein Beitrag zur Kunst- und Kulturgeschichte der zweiten Hälfte des sechzehnten Jahrhunderts.* Deutscher Kunstverlag, München.

Le Guin, Ursula K. (2020) *Am Anfang war der Beutel. Warum uns Fortschrittsutopien an den Rand des Abgrunds führen und wie Denken in Rundungen die Grundlage für gutes Leben schafft.* thinkOya, Klein Jasedow.

Mancuso, Stefano (2015) *Die Intelligenz der Pflanzen.* Kunstmann, München.

Markley, Robert (2001) *Ziergehölze. Bäume, Sträucher, Hecken. Pflanzen, pflegen, schneiden.* BLV, München.

Märter, Franz Joseph (1812) *Ueber den wahrscheinlichen Erwartungswerth der Ahorn-Zuckererzeugung in den gemäßigten Gegenden des europäischen Kontinents.* Audiatur et altera pars. In: Christian Peter Laurop: *Annalen der Forst- und Jagd-Wissenschaft*, 2. Band (1): 29–43, Heyer und Leske, Darmstadt.

Mayer, Norbert und Raphael Th. Klumpp (2013) *Elsbeere in Österreich.* Verein zur Förderung der Elsbeere, Michelbach.

Marriott, Michael (2022) *Rosen. Die schönsten Sorten auswählen, pflegen und gestalten.* Dorling Kindersley Verlag, München.

Melzig, Matthias F. und Karl Hiller (2023) *Lexikon der Arzneipflanzen und Drogen.* Springer Spektrum, Berlin.

Mumford, Lewis (1974) *Mythos der Maschine. Kultur, Technik und Macht.* Europaverlag, Wien.

Mündl, Kurt (2001) *Tabak. Ein Kraut verändert die Welt.* Styria, Graz.

Neilreich, August (1846) *Flora von Wien: eine Aufzählung der in den Umgebungen Wiens wild wachsenden oder im Großen gebauten Gefäßpflanzen, nebst einer pflanzengeografischen Übersicht.* Beck'sche Universitäts-Buchhandlung, Wien.

Parsley, Nicole C. et al. (2018) *PepSAVI-MS reveals anticancer and antifungal cycloviolacins in Viola odorata.* Phytochemistry 152: 61–70.

Peters, Silke (2015) *Blühende Geschäfte. Der weltweite Handel mit der Blume.* Oekom Verlag, München.

Pilzer, Isabella et al. (2015) *Eine qualitative Aufnahme von Flechten im Wiener Zentralfriedhof – mit einer Liste der bisher aus Wien bekannten Flechten.* Österreichische Zeitschrift für Pilzkunde 24: 181–196.

Plessen, Marie-Louise von (2022) *Pineapplemania.* Bildvortrag im Kunsthistorischen Museum, Wien

Ploss, Emil Ernst (1973) *Ein Buch von alten Farben. Technologie der Textilfarben im Mittelalter mit einem Ausblick auf die festen Farben.* Heinz Moos Verlag, München.

Prato, Katharina (Edle von Schweiger) (1922) *Süddeutsche Küche.* Styria, Graz und Wien.

Rath, Alexandra Maria (2021) *Wildes Wien. Gegessen wird, was in der Stadt wächst.* Gmeiner Verlag, Meßkirch.

Rätsch, Christian (2009) *Enzyklopädie der psychoaktiven Pflanzen. Botanik, Ethnopharmakologie und Anwendung.* AT Verlag, Aarau.

Rätsch, Christian und Claudia Müller-Ebeling (2003) *Lexikon der Liebesmittel. Pflanzliche, mineralische, tierische und synthetische Aphrodisiaka.* AT Verlag, Aarau.

Richter, Lotti (1917) *Mein Kochbuch. Nach langjähriger praktischer Erfahrung für die bürgerliche und feine Küche zusammengestellt.* Verlag von Ulrich Mosers Buchhandlung, Graz.

Roth, Joseph (2003) *Die Kapuzinergruft.* dtv, München.

Sandgruber, Roman (1986) *Bittersüße Genüsse. Kulturgeschichte der Genussmittel.* Böhlau, Wien.

Schneider, Albert (1904) *A guide to the study of lichens.* Knight and Miller, Boston.

Schramayr, Georg et al. (2020) *Der Schwarze Holler. Regionale Gehölzvermehrung,* Aspersdorf.

Schratt-Ehrendorfer, Luise et al. (2022) *Rote Liste der Farn- und Blütenpflanzen Österreichs. Stapfia 114.* Land Oberösterreich, Linz.

Schwaner, Birgit (2007) *Das Wiener Kaffeehaus. Legende, Kultur, Atmosphäre.* Pichler Verlag, Wien.

Schwendter, Rolf (2004) *Vergessene Wiener Küche. Kochen gegen den Zeitgeist.* Promedia, Wien.

Silla, Tatiana Y. (2019) *Feige.* Mandelbaum, Wien.

Sindemann, Katja (2008) *Das Wiener Café. Die Geschichte einer ewigen Leidenschaft.* Metroverlag, Wien.

Soltau, Ulf (2019) *Gärten des Grauens.* Eichborn, Köln.

Speta, Franz (2003) *Manfred A. Fischer – ein Sechziger!* Neilreichia 2–3: 269–286.

Spohn, Margot und Roland (2016) *Bäume und ihre Bewohner. Der Naturführer zum reichen Leben an Bäumen und Sträuchern.* Haupt Verlag, Bern.

Starmühlner, Ferdinand et al. (1970) *Naturgeschichte Wiens. Band 1: Lage, Erdgeschichte und Klima.* Jugend und Volk, Wien.

Steiger, Peter (2014) *Esche, Espe oder Erle? Pflanzenporträts aller wild wachsender Gehölze Mitteleuropas.* Ott, Bern.

Stephan, Susanne (2018) *Nelken.* Matthes und Seitz, Berlin.

Stewart, Amy (2013) *The Drunken Botanist. The Plants that Create the World's Great Drinks.* Timber Press, London.

Stiptschitsch, Gerald (2023) *Blüten im Schnee.* Natur im Garten 4: 6–9.

Storl, Wolf-Dieter (2012) *Wandernde Pflanzen. Neophyten, die stillen Eroberer. Ethnobotanik, Heilkunde und Anwendungen.* AT Verlag, München.

Storl, Wolf-Dieter (2002) *Bekannte und vergessene Gemüse. Ethnobotanik, Heilkunde und Anwendungen.* AT Verlag, München.

Storl, Wolf-Dieter (2001) *Pflanzen der Kelten. Heilkunde, Pflanzenzauber, Baumkalender.* AT Verlag, Aarau.

Studzińska-Sroka, Elżbieta et al. (2018) *Anti-inflammatory Activity and Phytochemical Profile of Galinsoga parviflora Cav.* Molecules 23: 2133–2148.

Teckentrup, Britta (2023) *Ein Fest von Obst und Früchten.* Verlagshaus Jacoby & Stuart, Berlin.

Torberg, Friedrich (1975) *Die Tante Jolesch oder Der Untergang des Abendlandes in Anekdoten.* Langen Müller, Stuttgart.

Tötschinger, Gerhard (2003) *Wünschen zu speisen? Ein kulinarischer Streifzug durch die Länder der Donaumonarchie – Geschichten und Gerichte.* Amalthea, Wien.

Türk, Roman (2016) *Flechten. Nationalpark Hohe Tauern.* Tyrolia Verlag, Innsbruck.

Türk, Roman (2006) *Die Flechtenflora in Wien – Veränderungen im Zeitraum 1853 bis 2004.* Verhandlungen der Zoologisch-Botanischen Gesellschaft in Wien 143: 113–118.

Van Wyk, Ben-Erik et al. (2015) *Handbuch der Arzneipflanzen. Ein Bildatlas.* Wissenschaftliche Verlagsgesellschaft, Stuttgart.

Vitek, Ernst et al. (2017) *Wiens Pflanzenwelt.* Verlag des Naturhistorischen Museums, Wien.

Wachsmuth, Brigitte (2018) *Duftveilchen. Geschichte, Verwendung, Sorten.* VDG, Weimar.

Wagner, Günter (2011) *Waschmittel: Chemie, Umwelt, Nachhaltigkeit.* Wiley-VCH, Weinheim.

Wagner-Wittula, Renate (2010) *Aus Kaisers Küche. Feine Rezepte aus der k. u. k. Küche. Mit kulinarischen Beiträgen von Christoph Wagner.* Oberösterreich Verlag, Linz.

Weigl, Fritz (2005) *Sie hatten den grünen Daumen. Österreichische Gärtnerportraits. Ein biographisches Fotoalbum der grünen Zunft.* Erasmus, Wien.

Weiss, Gabi (2016) *Wie kam der Vanillerostbraten zu seinem Namen und andere Wiener Küchenfragen.* Metroverlag, Wien.

Werneck, Ludwig Friedrich Franz Freiherr von (1814) *Widerlegung der von dem Herrn Prof. Märter zu Wien herausgegebenen Abhandlung über den wahrscheinlichen Erwartungswerth der Ahorn Zuckererzeugung.* Krieger, Marburg.

Wintersberger, Astrid (2021) *Der kleine Wappler. So flucht und schimpft Österreich*. Residenz, Wien.

Wolfschluckner, Sabrina (2014) *Das Kaffeehaus als Seismograph gesellschaftlicher Veränderungen. Wien ab 1950*. Diplomarbeit, Wien.

Woltron, Ute (2013) *Warum schmecken Maulbeeren am besten nackt? Selbstgemachte Köstlichkeiten aus Natur und Garten*. Christian Brandstätter Verlag, Wien.

Zander, Judith (2014) *Cactaceae. Naturkunden No. 14*. Matthes und Seitz, Berlin

Zdeněk, Cerman et al. (2007) *Erfindungen der Natur. Bionik. Was wir von Pflanzen und Tieren lernen können*. Rowohlt, Reinbek bei Hamburg.

ONLINEQUELLEN

ages.at
austria-forum.org
austrianbiologist.at
biographien.ac.at
biologie-schule.de
blog.naturimgarten.at
boku.ac.at
botanischergarten.univie.ac.at
botanische-spaziergaenge.at
bpww.at
bundesgaerten.at
dasrotewien.at
derstandard.at
donauauen.at
drogistenmuseum.at
ebswien.at
falter.at
faz.net
feigenhof.at
flora.nhm-wien.ac.at
forschung.boku.ac.at
gbif.org
geschichtewiki.wien.gv.at
heckentag.at
info.bml.gv.at
kgv-zukunft.at
khm.at
kleingaertner.at
kurier.at
lobaumuseum.wien/cms/
magazin.wienmuseum.at
maps.arcanum.com
medienportal.univie.ac.at
mein-schoener-garten.de
mvg.at
naturadb.de
naturschutzbund.at
nhm-wien.ac.at
noe.lko.at
oe1.orf.at
oegg.or.at
oekocampuswien.com
ooe.lko.at
onb.ac.at
orf.at
ots.at
presse.wien.gv.at
regionale-gehoelze.at
rotbewegt.at
sagen.at
slow-food.at
stadtfruchtwien.wordpress.com
statistik.at
vienna.at
vienna-sunday.kitchen
wienerfeige.com
wienerzeitung.at
wien.gv.at
wien.orf.at
youtube.com/@belvederemuseum
zitrustage.at

WIENER NATUR

VERLOCKENDE OASEN

Viola Rosa Semper | Charlotte Schwarz

Viola Rosa Semper und Charlotte Schwarz flanieren durch die schönsten öffentlichen Gärten der Stadt.

248 Seiten, € 29,90

50 WIENER BÄUME

Thomas Roth

Präsentiert wird die faszinierende Vielfalt an Baumarten, die Wien prägen – von exotischen Raritäten bis hin zu alten, einheimischen Giganten. Ergänzt durch Illustrationen von Silvia Ungersböck.

192 Seiten, € 24,90

FAMOSE VÖGEL

Klaus Nüchtern

Der FALTER-Bird-Watcher würdigt in seinen amüsanten und akribisch genauen Besprechungen die besten Seiten jedes Vogels.

224 Seiten, € 24,90

BOTANISCHE SPAZIERGÄNGE

C.-E. Klein | B. Lahner | S. Ungersböck

11 Routen durch die Welt der Wiener Pflanzen und ihre Geschichte. Mit Bezügen zu den Themen Naturschutz und Klimawandel.

224 Seiten, € 29,90

faltershop.at | 01/536 60-928 | In Ihrer Buchhandlung

AUTORIN

Birgit Lahner

Auf einem Hof im südlichen Kamptal aufgewachsen, entwickelte Birgit Lahner früh ein ausgeprägtes Interesse an der Pflanzenwelt. Sie studierte an der Universität für Bodenkultur in Wien und setzt sich heute in ihrer Arbeit mit den facettenreichen Beziehungen zwischen Menschen und Pflanzen auseinander, ist schreibend und beratend tätig, hält Workshops und konzipiert botanische Spaziergänge.

ILLUSTRATORIN

Silvia Ungersböck

1986 geboren und aufgewachsen in der Steiermark. Sie besuchte das College für Grafik- und Kommunikationsdesign in Wien und studierte an der Akademie der bildenden Künste bei Gunter Damisch und Christian Schwarzwald. Sie arbeitet als Künstlerin und Illustratorin in Wien und ist Mutter von zwei Kindern.